할수있다
우리 아기
이유식

막막한 엄마 아빠를 위하여
할 수 있다 우리 아기 이유식
ⓒ 최수진, 2021

초판 1쇄 2021년 1월 14일 펴냄

지은이 최수진
펴낸이 김성실
책임편집 김성은
표지디자인 형태와내용사이
제작 한영문화사

펴낸곳 원타임즈 등록 제313-2012-50호(2012. 2. 21)
주소 03985 서울시 마포구 연희로 19-1 4층
전화 02)322-5463 팩스 02)325-5607
전자우편 sidaebooks@hanmail.net

ISBN 979-11-88471-20-1 (13590)

막막한 엄마 아빠를 위하여

할수있다 우리 아기 이유식

최수진 지음

WINTIMES

사랑과 정성으로 만든 이유식,
즐거운 식사 시간을 만들어주세요

내 아이와 처음 만난 순간. 엄마 아빠에게는 새로운 삶이 시작돼요. 작은 일에도 중요한 의미를 부여하고, 나를 중심으로 돌던 세상은 어느덧 아기 중심이 되어 있지요. 태어난 아기는 예쁘고 사랑스럽지만 엄마 아빠의 역할이 쉽지만은 않아요. 쪽잠을 자며 수유도 해야 하고, 엄청난 양의 빨래에 저절로 한숨도 나와요. 그 와중에 음식까지 만들어야 한다니.

하지만 힘들어도 아기에게 가장 좋은 것을 먹여 주고 싶어 다시 부엌에 서게 되죠. 작고 귀여운 입을 '아~' 벌리고 이유식을 받아먹으면 힘들다는 생각은 온데간데없이 사라지지요. 이유식을 시작하는 모든 부모가 다 비슷할 거라고 생각해요. 많이 지치고 힘들어도 아기에게 최선을 다하고 싶은 부모의 마음이겠죠.

처음 이유식을 시작할 때가 되면 부담이 생기고 막막해져요. 도구는 무엇을 준비해야 할지, 어떤 재료로 무엇을 만들어야 할지, 농도는 어느 정도인지 헷갈려요. 하지만 너무 어렵게 생각하지 말고 이유식 준비를 시작해보세요. 지켜야 할 몇 가지 주의사항이 있지만 식단에 정해진 정답은 없어요. 상황에 맞춰 아기에게 신선하고 좋은 재료들을 익혀서 먹여 준다는 생각으로 시작해보세요. 시간이 좀 지나면 엄마 아빠가 편한 방법을 찾는 요령도 생기고, 아기가 무얼 좋아하는지 파악도 될 거예요. 그러면 점점 아기의 식사를 준비하는 일이 쉬워질 거예요.

제가 일 년여 동안 이유식을 직접 만들어 먹이면서 궁금했던 것들, 배

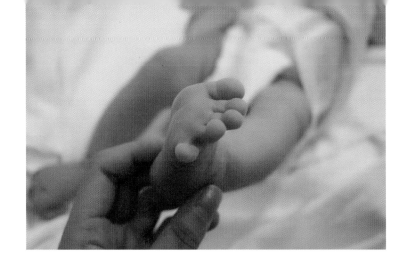

윘던 팁들을 책에 담았어요. 건강하고 맛 좋은 이유식을 만드는 걸 우선
으로 하고요. 또 어떻게 하면 좀 더 쉽고 편하게 만들 수 있을까 요령도
피웠어요. 이유식 만드는 일 자체가 너무 힘들고 스트레스면 일 년이라
는 긴 시간 동안 꾸준히 지속하기 어려우니까요. 엄마 아빠가 덜 힘들어
야 아기한테도 한 번 더 웃어주고 기다릴 수 있는 여유가 생겨요. 많은 정
보를 공유하고 싶어서 오랫동안 차근차근 책의 내용을 채웠어요.

식사라는 행위는 단순히 음식을 섭취하는 것 이상의 의미가 있다고
생각해요. 가족끼리 한자리에 모여 맛있는 음식을 먹으며 대화를 나누고
서로의 감정을 다독여 줄 수 있는 시간이라 여겨요. 이유식은 아기에게
'식사'를 가르쳐주는 시작이에요. 음식을 통해 영양을 보충하고, 먹는 법
을 가르쳐주며, 가족끼리 함께하는 시간을 배우는 일이에요. 그러니 정
성으로 만들어서 사랑으로 먹여 주세요. 한 숟가락 덜 먹어도 좋으니 아
기에게 웃으면서 많은 칭찬과 격려를 해주세요. 물론 쉽지 않아요. 힘들
게 만든 이유식을 잘 먹지 않으면 짜증이 날 때도 있어요. 그래도 최선을
다해 아기에게 식사가 즐거운 일이라는 걸 가르쳐주세요. 순간순간의 노
력이 무엇과도 바꿀 수 없는 선물이 되어 아기에게 쌓여나갈 거예요.

_최수진

{ 차 례 } _막막한 엄마 아빠를 위하여
할 수 있다 우리 아기 이유식 }

초기 이유식 쌀 불리기

초기 이유식 쌀가루 풀어주기

초기 이유식 10배죽 농도

PART2 [초기 이유식]
아, 떨려! 성공할 수 있을까?
가장 쉬운 것부터 차근차근

PART3 **[중기 이유식]**
고기로 철분과 단백질 보충
다양하고 복합적인 맛 소개

PART4 [후기 이유식]
쌀알 그대로 진밥을 만들어요
본격적으로 씹는 연습을 해요

혼자 먹는 연습도 필요해요 … 150

건강한 간식 주세요!

PART5 [완료기 이유식]
3번의 식사와 2번의 간식
진밥, 국, 반찬, 식판식까지

아기 국

영양만점 간식 주세요!

아, 막막해.
이유식,
어떻게 시작하지?
무엇부터 준비해야 할지 모르겠어.
누구에게 물어보지?
책을 볼까?
검색해볼까?
부모가 되는 건 쉽지 않구나.

조리도구부터 차근차근 준비해보자.

숟가락, 컵, 이유식기, 냄비
음, 또 ….

이유식에 필요한 조리 도구

- **이유식 숟가락** 둥글게 처리되어 아기 입에 부드럽게 들어가는 제품을 선택해요.
- **컵** 양손으로 잡을 수 있는 제품이 편해요. 실리콘 제품을 사용하면 삶아서 소독도 할 수 있고, 전자레인지에 내용물을 데우기도 편해요.

- **이유식기** 아기가 자꾸 그릇을 엎는다면 흡착 식판을 사용하는 것도 도움이 돼요.
- **턱받이** 자주 사용하는 것이니 쉽게 세척하고 빠르게 말릴 수 있는 제품을 사용하면 좋아요.
- **의자** 테이블이 포함된 하이체어를 고를 땐 쉽게 분리하고 다시 조립할 수 있는 제품이 좋아요.

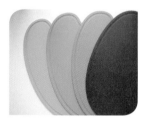

- **미니절구** 힘있게 갈리는 돌절구도 사용하지만, 무거워서 불편하다면 이유식용 가벼운 절구를 사용해요.
- **계량스푼** 꼭 필요한 건 아니지만 하나쯤 있으면 비율을 맞춰 요리하는 데 도움이 돼요.

- **도마와 칼** 채소용, 고기용, 해산물용 도마와 칼을 따로 사용해요. 도마는 삶아서 소독할 수 있는 실리콘 제품을 쓰는 것도 도움이 돼요.
- **실리콘 스패튤러** 바닥에 눌러붙지 않게 저어가며 이유식을 만들 때 필요해요. 손잡이 부분까지 실리콘인 제품이 뜨거워지지 않아 좋아요.

- **국자** 작은 사이즈의 국자로도 충분해요.
- **이유식 조리기** 요즘은 재료만 넣으면 이유식을 만들어 주는 제품도 있어요. 바쁜 부모에게 도움이 되는 제품이지요.

● **편수냄비** 이유식을 만드는 냄비는 한 손으로 잡고 저을 수 있는 편수냄비가 편해요. 죽이 바깥으로 튈 수 있기 때문에 작은 사이즈보다 여유있는 크기의 냄비를 권해요. 책에서는 지름 16cm의 스테인리스를 사용했어요. 스테인리스는 코팅이 벗겨져서 유해한 물질이 나올 염려가 적은 장점이 있으나 처음 사용할 때 연마제를 잘 닦아내고 식초물로 한소끔 끓여 소독한 뒤 사용할 것을 권해요.

● **전자저울** 정확하게 그램수를 볼 수 있는 전자저울이 편해요.

● **믹서기** 이유식 초기에 자주 사용해요. 그 외에 갈아서 만드는 간식을 만들 때도 요긴하게 쓰여요.

● **보틀워머** 냉장한 이유식을 데우는 데 쓰여요. 꼭 필요한 제품은 아니에요. 전자레인지에 살짝 데우거나 끓는물에 중탕해도 괜찮아요.

● **실리콘 얼음틀** 재료를 손질해서 냉동할 때 쓰여요. 실리콘 재질을 구입하면 꽁꽁 언 재료를 쏙쏙 빼내기 쉬워요. 플라스틱 재질은 깨지기 쉬워요.

● **빨대컵** 빨대의 교체가 쉽고 거꾸로 들었을 때 새지 않는 제품이 좋아요.

● **야채다지기** 칼로 다지는 시간을 줄여주는 제품이라 유용해요.

● **이유식 보관용기** 위생적으로 삶아서 세척 보관이 가능한 제품이 좋아요. 밀폐 가능한지 꼭 확인해요. 용량이 넉넉한 것으로 사지 않으면 양이 늘어가는 후기와 완료기에 용량이 큰 이유식 보관용기를 다시 구입하게 되더라고요.

예쁘고 화려하지 않아도
정량 그대로
정직하고 친절한
이유식 책을 만들고 싶어.
이유식에 대해 하나도 몰라 헤매는
초보 엄마 아빠가
안심하고 볼 수 있는 책
요샌 할아버지 할머니도
육아를 하시니까
어르신도 볼 수 있는 책

궁금한 내용
다양한 경험과 시행착오
공부한 내용을 하나하나 기록하면
좋은 이유식 노트가 될 거야.
처음부터 잘하는 사람은 없으니까.
왜 이유식이 중요한지부터
천천히 공부해보자.

1

이유식을 시작하는 우리 아기
자꾸만 헷갈리는 엄마와 아빠

막상 시작하려고 하면

준비가 훨씬 더 오래 걸리는 이유식

처음엔 아무것도 몰라 마음만 급해 우왕좌왕하지만

차근차근 준비해 보면 금세 익숙해져요.

이유식이 막막한 엄마 아빠에게

이유식 시작은

– 생후 체중의 2배가 될 때쯤(생후 만 4~6개월)

– 모유 수유아는 하루 수유 횟수 8회 이상, 수유 간격 4시간 이내로 짧아질 때

– 숟가락으로 혀를 밀어내는 반사가 사라질 때

– 스스로 머리와 목을 가눌 수 있고 목을 지지해주면 앉을 수 있을 때

– 부모가 먹는 것을 보고 관심을 표할 때

이유식은 아기가 태어나 처음 먹는 고형식이에요. 이유식을 통해 모유나 분유만으로는 부족한 영양소들을 보충하고, 음식을 씹어 삼키는 연습을 시작해요. 생후 24개월까지는 아이의 신체 성장이 급격하게 이루어지는 중요한 시기이므로 적절한 영양 섭취가 매우 중요해요. 또한 이유식은 '식사'를 배우는 첫걸음이에요. 이 시기에 처음 몸에 익힌 식습관은 평생에 걸쳐 영향을 준다고 해요.

- 건강한 식사를 직접 차려주는 일은 아기가 양질의 영양소를 섭취할 수 있도록 도와줘요. 뿐만 아니라 아기가 올바른 식습관을 배울 수 있는 기회를 제공해요. 부모가 신선한 이유식을 직접 만들어 주는 일은 내 아이에게 줄 수 있는 최고의 선물 중 하나예요.
- 직접 만든 이유식은 각종 유해한 식품 첨가물로부터 자유로워요. 또한 설탕이나 소금을 사용하지 않고 만들 수 있으며, 최상의 맛과 영양소를 지닌 제철 재료를 사용할 수 있다는 장점이 있어요. 알레르기가 있는 특수한 상황에서도 내 아이에게 맞는 재료로 영양 가득한 이유식을 만들어 줄 수 있어요.

- 직접 만들면 더 신선하고 맛도 좋아요. 가장 큰 장점은 내 아이 입맛에 맞출 수 있다는 것이에요. 다양한 재료를 사용하여 다채로운 맛을 경험 시켜줄 수 있어요.

- 모든 아이의 발육 상태는 개인마다 달라요. 이유식을 시작하는 시기노 조금씩 다르죠. 직접 이유식을 만들면 내 아이의 상태에 가장 알맞은 점도를 맞출 수 있어요. 아기의 기호성에 있어 이유식의 텍스처는 맛만 큼이나 중요해요.

이유식 시작 시기

- 생후 체중의 2배가 될 때쯤 (생후 만 4~6개월)
- 모유 수유아의 경우 1일 수유 횟수가 8회 이상, 수유 간격이 4시간 이내로 짧아질 때
- 숟가락을 혀로 밀어 내는 반사가 사라질 때
- 스스로 머리와 목을 가눌 수 있고 지지해주면 앉을 수 있을 때
- 부모가 먹는 것을 보고 관심을 표할 때

이유식은 분유를 먹는 아기는 만 4~6개월, 모유를 먹는 아기는 만 6개월 경 시작해요. 이때쯤 아기의 장 기능과 소화 능력이 발달하기 시작하고, 목과 머리를 가눠 앉아서도 먹을 수 있는 능력이 생겨요. 액체 이외의 것이 입안으로 들어오면 혀로 밀어내는 반사가 조금씩 사라지는 시기이기도 해요. 또 어른이 먹는 것을 보고 입을 오물거리며 관심을 갖기도 해요.

아기가 이런 신호를 보낼 때 서서히 이유식을 시작하면 돼요. '4개월 됐으니 바로 시작해야지!' 생각하지 말고, 내 아이가 보내는 신호에 맞춰 시작하세요. 아이마다 성장 속도가 다르니 의사의 소견을 듣고 시작하면

더 좋겠죠. 단, 4개월 이전에 이유식을 시작하면 알레르기 발생 위험이 있으니 모유나 분유만 먹이도록 하고, 만 6개월이 지나도 이유식을 시작하지 않으면 철분이나 아연, 인 등 부족한 영양소를 섭취할 수 없으니 주의해주세요. 만 6개월에 이유식을 시작하는 경우에는 쌀미음 다음으로 고기미음을 빠르게 시작해주세요.

이유식의 시기와 횟수

우리나라에서는 이유식을 보통 초기, 중기, 후기, 완료기로 구분해서 진행해요. 시기별로 재료, 입자의 크기, 텍스처 등에 따른 구분인데 아이마다 적절한 타이밍이 다 달라요. 또 시기의 구분도 정확하게 6개월부터 두 달, 네 달 이렇게 나뉘는 게 아니라 자연스럽게 연결되기 때문에 약간의 여유를 두고 자신의 아이에 맞춰 진행하는 것이 가장 좋아요. 예를 들면 모유 수유 아기라 조금 늦게 시작했다면 초기 이유식 때 소고기 먹는 순서를 앞당기고 중기로 넘어가는 시기도 조금 빨라지겠죠.

처음엔 대부분 주르륵 흘러내리는 정도의 쌀미음부터 시작해요. 이후 고기, 채소, 과일 등이 첨가돼요. 재료를 처음 접할 땐 한 가지 재료씩

3~5일 정도 간격을 두고 알레르기 반응이 없는지 확인해요. 없다면 다른 재료를 더해서 첨가해도 좋아요. 철분이 부족해지기 시작하는 6개월 이후에는 고기를 꼭 첨가해야 해요.

처음 하는 이유식은 엄마와 아이가 아직 지치지 않은 오전 수유 직전에 시도해보는 것이 좋아요. 아이의 소화력도 좋을 때고, 문제가 생길 경우 바로 병원으로 갈 수 있어요. 하지만 만약 아이가 낮잠 자고 일어나 오후 시간이나 저녁 배고플 때 더 잘 먹는다면 그에 맞춰 시간을 변경할 수 있어요. 며칠 동안 다른 시간대에 시도해보고 아이의 컨디션에 맞춰주세요. 이유식 시간이 자리를 잡았다면 가급적 매일 일정한 시간대에 먹여주세요.

이유식은 아이를 바르게 앉혀서 꼭 숟가락으로 먹여요. 처음에는 하루 1회, 한 숟가락으로 시작해요. 처음엔 이유식을 소개해준다는 생각으로 시작하세요. 한 숟가락으로 시작해서 3일 정도 간격으로 한 숟가락씩 양을 늘려요. 아이가 잘 먹으면 조금씩 양을 늘려가요. 중기엔 하루 두 번 정도 먹으며 한 번 먹을 때 50ml 정도로 양을 늘려요. 후기엔 한 번에 100ml 정도 되는 양을 먹을 수 있어요.

- 초기 이유식: 5~6개월, 이유식 하루 1~2회. 한 숟가락씩 늘려가기. 30~80ml. 모유나 분유는 하루 700~1000ml
- 중기 이유식: 7~9개월, 이유식 하루 2~3회, 간식 1~2회. 한 끼에 50~120ml. 모유나 분유는 하루 600~700ml
- 후기 이유식: 10~12개월, 이유식 하루 3회, 간식 2회. 한 끼에 120ml 정도. 모유나 분유는 하루 500~600ml
- 완료기 이유식: 12개월 이상, 이유식 하루 3회, 간식 2회. 한 끼에 120~180ml. 모유, 분유, 우유는 하루 400~500ml

이유식을 시작한다고 분유나 모유를 끊는 것이 아니에요. 6개월부터 돌까지는 이유식만 먹는 것이 아니라 모유나 분유를 함께 먹어요. 아기는 돌까지 매일 최소 500~600ml 정도의 모유나 분유를 섭취해야 해요. 초반에는 수유도 규칙적인 시간을 만들어 이유식 후 바로 수유하는 형태로 만들어 놓는 것이 좋아요. 이유식 초반에는 음식을 먹는 연습을 하는 것이지 이유식을 통해 필요한 영양소를 모두 얻는 게 아니라는 점을 기억하고 꼭 수유를 함께 해주세요. 후기 이유식으로 넘어갈 무렵 충분히 이유식으로 배를 채우면 수유를 바로 붙여서 하지 않아도 돼요. 후기부터는 모유나 분유보다 이유식이 더 주식이 돼요. 5가지 식품군 골고루 영양소를 섭취할 수 있도록 더욱 신경써주세요.

구분	초기 이유식	중기 이유식	후기 이유식	완료기 이유식
시작 시기	5~6개월	7~9개월	10~12개월	12개월 이상
먹는 횟수(하루)	1~2회 한 숟가락씩 늘림	이유식 2~3회 간식 1~2회	이유식 3회 간식 2회	이유식 3회 간식 2회
먹는 양(한 끼)	30~80ml	50~120ml	120ml 정도	120~180ml
농도	첫 달 10배죽 두 번째 달 8배죽	6~5배죽, 쌀 1/4등분, 재료 입자 3mm 정도	첫 달 퍼진 진밥 두 번째 달 진밥	입자를 살린 진밥 반찬, 국, 식판식
모유, 분유(하루)	700~1000ml	600~700ml	500~600ml	400~500ml

월령별 섭취 가능 식품 리스트

구분	초기 이유식(5~6개월)	중기 이유식(7~9개월)
곡류, 콩류	쌀, 찹쌀, 오트밀, 완두콩	쌀, 찹쌀, 보리, 오트밀, 완두콩, 차조, 두부 대두, 강낭콩, 검은콩, 깍지콩
채소	감자, 애호박, 양배추, 고구마 단호박, 오이, 비타민, 브로콜리 콜리플라워, 아보카도, 청경채	감자, 애호박, 양배추, 고구마, 단호박, 오이 비타민, 브로콜리, 콜리플라워, 아보카도 청경채, 시금치, 무, 당근, 배추, 양파, 비트 아욱, 버섯, 연근, 아스파라거스
과일	사과, 배, 자두	사과, 배, 자두, 바나나, 수박, 복숭아 체리, 대추
육류	소고기, 닭고기 (지방이 적은 부위: 안심, 가슴살)	소고기, 닭고기 (지방이 적은 부위: 안심, 가슴살)
해조류, 어류		다시마, 김, 미역, 흰살생선
달걀		달걀노른자
견과류, 유지류		
유제품		
면류		
기타		쌀과자

후기 이유식(10~12개월)	완료기 이유식(12개월 이상)
쌀, 찹쌀, 보리, 오트밀, 완두콩, 차조, 두부, 대두 강낭콩, 검은콩, 깍지콩 외 대부분의 곡류 가능	쌀, 찹쌀, 보리, 오트밀, 완두콩, 차조, 두부, 대두 강낭콩, 검은콩, 깍지콩 외 대부분의 곡류 가능. 한두 가지 소량의 혼합잡곡, 다종혼합잡곡은 3세 이후
감자, 애호박, 양배추, 고구마, 단호박, 오이, 비타민 브로콜리, 콜리플라워, 아보카도, 청경채, 시금치, 무 당근, 배추, 양파, 비트, 아욱, 버섯, 연근 아스파라거스, 파프리카, 숙주, 콩나물, 가지, 파 마늘, 토마토, 허브	감자, 애호박, 양배추, 고구마, 단호박, 오이, 비타민 브로콜리, 콜리플라워, 아보카도, 청경채, 시금치, 무 당근, 배추, 양파, 비트, 아욱, 버섯, 연근 아스파라거스, 파프리카, 숙주, 콩나물, 가지, 파 마늘, 토마토, 허브, 쑥, 치커리, 깻잎, 냉이, 고사리 부추, 토란, 우엉
사과, 배, 자두, 바나나, 수박, 복숭아, 체리, 대추 멜론, 참외, 포도, 딸기, 귤	사과, 배, 자두, 바나나, 수박, 복숭아, 체리, 대추 멜론, 참외, 포도, 홍시, 단감, 딸기, 귤
소고기, 닭고기 (지방이 적은 부위: 안심, 가슴살)	소고기, 닭고기, 돼지고기, 오리고기 등 대부분 육류 섭취 가능(지방이 적은 부위)
다시마, 김, 미역, 흰살생선, 새우, 갈치, 파래	다시마, 김, 미역, 흰살생선, 새우, 갈치, 파래 등푸른생선(꽁치, 고등어 등), 장어, 낙지, 게살 조개, 굴
달걀노른자, 달걀흰자	달걀노른자, 달걀흰자, 메추리알
깨, 참기름, 포도씨유, 올리브유, 현미유	깨, 참기름, 포도씨유, 올리브유, 현미유 땅콩을 제외한 밤, 은행, 호두, 잣 등
무가당 플레인 요거트, 아기용 치즈, 리코타치즈 코티지치즈	무가당 플레인 요거트, 아기용 치즈, 리코타치즈 코티지치즈, 우유, 버터, 생크림
소면, 파스타, 쌀국수	소면, 파스타, 쌀국수, 우동, 칼국수, 당면, 파스타
쌀과자, 식빵	쌀과자, 식빵, 과일칩, 채소칩, 두유, 카레, 유부 식초, 된장, 아가베시럽, 간장, 소금

시기별 재료 입자의 크기와 농도

초기 이유식 첫 달

초기이유식 첫 달에는 10배죽 농도의 완전히 갈아 만든 미음을 먹어요. 숟가락에서 주르륵 흐르는 정도의 농도예요. 고기와 채소 등의 재료도 체에 내려 입자가 거의 없도록 부드럽게 만들어요.

초기 이유식 두 번째 달

초기 이유식 두 번째 달에는 고기와 채소를 섞어 8배죽을 만들어요. 농도는 떠먹는 요거트 정도예요. 쌀알은 곱게 갈고 고기와 채소는 잘게 다진 뒤 절구에 곱게 찧거나 믹서기로 곱게 갈아서 만들어요.

중기 이유식 첫 달

중기 이유식 첫 달에는 재료의 형태가 어느 정도 드러나기 시작해요. 잘게 썰어 두세 번 절구에 으깬 정도로 덩어리가 눈에 보여요. 믹서기를 사용한다면 너무 곱게 갈리지 않도록 주의해요. 잼이나 마요네즈 같은 약 6배죽 정도예요.

중기 이유식 두 번째 달

중기 이유식 두 번째 달에는 약 5배죽을 만들어요. 쌀알이 1~2회 부서져 4등분 정도 돼요. 육류는 잘게 썰어 한두 번 절구에 으깬 정도이고, 부드럽게 익혀 채소나 과일은 3mm 크기로 잘게 썰어 먹일 수 있어요.

후기 이유식 첫 달

후기 이유식 첫 달에는 쌀알 그대로 약 5배죽을 만들어요. 재료는 3~5mm 크기로 썰어서 사용해요.

후기 이유식 두 번째 달

씹는 연습을 본격적으로 할 수 있도록 입자를 살려 조리해요. 쌀알과 재료 입자가 5mm 정도 크기예요. 잇몸과 혀로도 씹어 삼킬 수 있어요.

완료기 이유식

밥알이 완전히 살아있는 진밥으로 요리해요. 하지만 아직은 어른 식사보다는 부드럽게 조리해주어요. 고기는 5mm 정도, 채소는 재료의 특성에 따라 8~10mm 정도 크기로 조리해요.

이유식을 할 때 주의할 점

- 돌 이전에는 조리할 때 간을 하지 않아요

  모유나 분유, 식재료 자체에는 이미 나트륨이 들어있어요. 너무 짜게 먹으면 아기의 신장에 부담이 되고, 자라서도 성인병에 걸릴 위험이 높아진다고 해요.

- 꿀은 반드시 돌 이후에 먹어요

  끓여서 먹는 것도 안 돼요. 한 살 미만의 아이가 꿀을 먹어 보틀리누스균이 몸속으로 들어가면 위중한 합병증을 일으킬 수 있어요. 손발이 마비되거나 심한 경우 사망에 이르기도 해요.

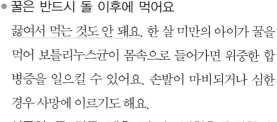
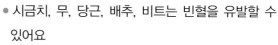

- 시금치, 무, 당근, 배추, 비트는 빈혈을 유발할 수 있어요

  이 채소 들은 질산염이 많아서 빈혈을 유발할 수 있기 때문에 만 6개월 이전에는 먹이지 않아요. 아기가 생후 6개월이 지난 이후에도 냉장고에 오래 보관하지 않고 구입 후 가능한 빨리 만들어 먹여요.

- 과일은 10개월 미만 때는 익혀서 먹어요

  잘 익은 바나나를 제외한 과일 들은 중기 이유식 때까지 껍질을 벗겨 씨를 제거하고 익혀서 강판에 갈아주어요.

- 시판 과일 주스는 6개월 이후에 먹어요

  과일 주스는 직접 만들어 바로 먹이거나 멸균 처리가 된 제품을 구입해서 먹이고, 오렌지주스는 후기부터 먹여요. 너무 많이 섭취하면 영양 불균형, 설사, 기저귀 발진 등이 생길 수 있으니 돌까지는 하루에 50~120ml 정도가 적당해요. 2017년 기준, 미국 소아

과학회(AAP)에서는 과일 주스를 돌 이후 먹일 것을 권장했어요. 과일 주스보다 과일 그 자체로 퓌레 등을 만들어 먹거나 그대로 먹는 것이 좋아요.

● 귤, 토마토, 딸기는 후기부터 먹을 수 있어요

예전에는 돌 이후에 먹였지만 요즘 병원에서는 귤이나 오렌지 같은 시트러스류나 토마토, 딸기를 후기에도 섭취 가능하다고 알려주어요. 하지만 이들은 알레르기 반응을 일으키기 쉬운 과일이므로 해당 시기에 먹여도 알레르기 반응을 잘 체크해요. 조금이라도 이상 반응을 보인다면 돌 이후 천천히 시도해요.

● 생우유는 돌 이후에 먹어요

우유를 너무 많이 섭취하면 오히려 철분 흡수에 방해가 될 수 있으므로 돌부터 4세까지는 500ml 미만으로 주는 게 좋아요.

● 직접 발효해 만든 플레인 요거트는 후기부터 먹어요.

당류가 함유된 시판 요거트 말고 집에서 직접 발효시켜 만든 플레인 요거트의 경우 후기 이유식부터 섭취 가능해요.

● 김치, 된장, 간장도 가능하면 늦게 시작해요

돌 이전에는 소금 간도 하지 않고, 나트륨이 많이 들어있는 음식도 가급적 피해요.

● 달걀은 중기 이유식부터 시작해요

노른자부터 먹이고 알레르기가 있는 경우 노른자도 돌 이후 조금씩 먹여보는 것이 좋아요. 흰자는 알레르기가 없다면 후기 이유식쯤 시도해볼 수 있으나 마찬가지로 알레르기 반응이 있다면 돌 이후 섭취해요. 달걀을 먹일 땐 완전히 익혀서 주고, 일주일에 1~2개가 적당해요.

• 밀가루는 4~7개월 사이 조금씩 노출시켜 줘요.
  밀가루에 대한 알레르기 발생을 낮출 수 있다고 해
  요. 많은 양 필요 없이 이유식 만들 때 조금씩만 넣어
  주어요. 이유식 전인 4개월 이전에는 절대 먹이지 않
  아요.

• 새우는 잘 확인하며 시작해요
  후기 이유식 시기에 먹일 수 있지만 알레르기를 잘
  확인하며 시작해요.

• 생선은 중기에 흰살생선으로 시도해요

  등푸른생선은 돌 이후에 먹여요. 등푸른생선은 지방
  질이 많고, 붉은살생선은 히스타민 물질 때문에 알레
  르기 위험이 높은 편이니 확인하며 먹여주세요. 민물
  고기나 오염이 심한 곳에서 잡힌 생선, 근해에서 잡힌
  생선은 피해요. 생선은 너무 자주 먹이지 말고 일주
  일에 두 번 정도 주세요.

• 참치나 연어는 나중에 시작해요
  참치나 연어처럼 큰 생선은 먹이사슬의 위에 있어 수
  은을 많이 함유하고 있을 위험이 있어요.

• 조개나 해산물도 잘 확인하며 시작해요
  문제가 없으면 후기부터 먹여볼 수 있으나 이상 반응
  을 보인다면 돌 이후에 먹이는 게 좋아요.

• 현미 등 잡곡은 충분히 불려서 소량만 사용해요
  돌 이전에도 먹일 수 있지만 소화가 잘 안 될 수 있으
  니 소량만 사용하고 충분히 불려서 사용해요. 한 번
  에 너무 많은 잡곡을 여러 가지 섞어서 사용하지 않
  아요.

• 돼지고기는 돌 이후에 먹어요
  돼지고기는 유구촌충 때문에 돌 이후에 완전히 익혀
  서 먹어요. 아기는 소화 능력이 제대로 발달하지 않

아 지방을 많이 섭취하면 알레르기나 설사 등 문제가 생길 수 있으니 가급적 지방이 적은 부위로 먹여요.

● 다시마, 미역, 김 등 해조류는 소량씩 사용해요
해조류는 무기질 등을 함유해 좋은 식재료이지만 오히려 너무 많이 섭취하면 갑상선 기능에 무리를 줄 수 있어요.

● 견과류도 알레르기 위험이 높은 식품이에요
후기에서 완료기 사이에 조금씩 시도해요. 티스푼으로 반 정도면 충분해요. 밤도 마찬가지예요. 특히 땅콩은 알레르기 위험이 높고, 질식의 위험도 있어 24개월 이후에 먹여요.

● 생후 9개월부터 식물성 기름을 사용할 수 있어요
참기름, 들기름, 포도씨유, 올리브유, 현미유 등 식물성 기름을 사용할 수 있어요. 양질의 지방은 아기의 발달에 필수적이에요. 아기는 주로 모유나 분유를 통해서 지방을 섭취하지만 후기부터 이유식에서도 약간의 기름을 더해줄 수 있어요. 산화되지 않은 신선하고 좋은 품질의 제품을 단 몇 방울 정도로 소량만 사용해요. 이유식 만들 때는 가급적 삶거나 찌는 조리법을 이용해요. 부드럽게 찐 요리는 소화도 잘 되고 영양소 파괴도 적은 편이에요.

알레르기가 있어요

알레르기가 있는 아기의 경우에도 만 4~6개월 사이에 이유식을 시작해요. 단, 의사와 충분히 상의해서 시기를 정하고, 조심해야 할 재료와 대체 재료도 꼼꼼하게 체크해주세요. 이유식을 진행할 때는 재료를 하나씩 첨가하며 며칠 간 알레르기 반응이 일어나지 않는지 체크하며 먹어요. 일반적으로 3~5일 간격으로 알레르기 반응을 체크하는데 알레르기가 심한 아이의 경우는 일주일 정도 여유를 두고 체크하는 것도 괜찮아요.

알레르기란 몸속에 이물질이 들어왔을 때 면역 체계가 과민 반응을 보이는 현상을 말해요. 식품으로 유발된 알레르기의 경우, 아직 어린 아기의 소화기관은 잘 발달하지 못한 상태이고, 위장을 보호하는 면역 물질들도 충분히 만들어내지 못하는 상태라 새로운 음식을 섭취했을 때 면역 체계가 이를 이물질로 해석해 알레르기 반응을 보인다고 해요. 하지만 이유식 시기에 알레르기 반응을 보였다고 해서 그 식품을 평생 못 먹는 건 아니에요. 한두 살 더 먹으면서 자연스럽게 사라지는 경우도 있으니 나중에 다시 시도해 보아도 좋아요. 그러나 가벼운 증상이 아닌 호흡곤란, 심한 부종 등의 심각한 증상이 나타날 경우 해당 식품은 식단에서 배제하고 의사의 지시에 따라요. 유전적으로 발생하는 경우도 있으니 가족 중 알레르기가 심한 사람이 있다면 의사에게 해당 정보를 전달해요.

알레르기가 생기면 어떤 반응이 나타날까?

이유식을 처음 시도할 때 먼저 아기의 입술 주위에 이유식을 살짝 묻혀 보아요. 이유식 섭취 후 1~2 시간이 지난 뒤 입 주위가 빨갛게 부어오르거나 발진, 습진, 기침, 두드러기, 붉은 반점, 부종, 구토, 설사, 천명, 염증, 호흡곤란 등 증상이 나타나면 알레르기를 의심해요. 두세 번 정도 더 시도해보고 계속 그럴 경우 소아청소년과 전문의와 상의해 대체 음식을 찾아요.

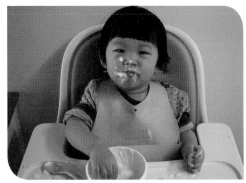

알레르기가 생긴 이후엔 어떻게 해야 할까?

아기가 새로운 재료에 대해 알레르기 반응을 보일 경우 꼭 병원에 가서 의사의 진료를 받아보세요. 그리고 알레르기를 보인 해당 식품으로 부족해질 수 있는 영양소 보충을 위해 다른 대체 식품을 찾아요. 예를 들어 달걀에 알레르기 반응을 보인다면 단백질 보충을 위해 생선살, 소고기, 닭고기를 시도해요.

알레르기를 잘 일으키는 식품

대표적으로 우유, 밀가루, 생선, 새우, 견과류(특히 땅콩), 달걀, 콩, 조개 등이 있어요. 이 외에도 체질에 따라 특정 고기, 채소, 과일, 곡류, 해산물 등에서 알레르기 반응을 보일 수 있어요.

식재료 다듬기

아기는 몸집도 작고 아직 소화, 면역 기관이 완전히 발달하지 않은 상태라서 이유식을 만들기 전 식재료를 깨끗하게 손질하는 것이 중요해요. 또 식재료별 영양소를 최대한 파괴하지 않고 효과적으로 섭취할 수 있는 팁도 적어볼게요.

올바른 세척법

요리를 시작하기 전 가장 중요한 것은 손 씻기예요. 흐르는 물에 30초 정도 충분히 손을 씻어요. 날달걀, 생고기, 채소 등 각각의 재료를 손질한 뒤에도 교차 오염이 되지 않도록 손을 매번 씻어주세요. 도마나 칼도 교차 오염이 되지 않도록 주의해요. 저는 채소용, 고기용, 해산물용 도마와 칼을 따로 사용했어요. 삶아서 소독할 수 있는 실리콘 제품을 쓰는 것도 도움이 돼요. 삶아서 소독할 때는 3분 정도 끓여 세균을 죽입니다.

이유식을 만들 땐 잔류 농약 제거를 위해 식재료를 깨끗하게 세척해주세요. 재료는 깨끗한 물에 담가 손질하고 흐르는 물로 깨끗하게 3회 이상 씻어 잔류 농약을 제거해요. 식초나 소금물에 몇 시간씩 장시간 담가두면 수용성 영양소가 파괴되기 때문에 30분 이내로 담갔다가 흐르는 물

40

로 표면을 깨끗하게 닦는 것이 좋아요. 잎채소의 경우 더욱 신경 써서 꼼꼼히 씻어주세요.

날씨나 보관에 따라 식재료에 식중독균이 활발하게 증식하기도 해요. 생각보다 채소를 통해 식중독에 걸리는 경우도 많다고 해요. 채소는 구입한 뒤 냉장고에서 오래 보관하지 않고 바로 사용하는 것이 위생과 영양 측면에서 모두 좋아요. 특히 뿌리를 먹는 뿌리채소류나 엽채류, 습한 환경에서 자라는 새싹채소 같은 경우 세척에 더 주의해야 해요. 흐르는 물에 여러 차례 꼼꼼하게 세척하고 완전히 가열해서 먹어요.

먹고 남은 이유식은 과감하게 버려요. 아기의 침이 묻은 숟가락을 넣었던 이유식은 금방 상할 확률이 높고, 손과 숟가락, 그릇 등에서 묻은 세균이 번식하기 쉬워요.

풍부한 영양소 섭취하기

식재료를 구입해 냉장 보관을 오래 하면 비타민 등 영양소가 파괴돼요. 배추나 당근, 무, 시금치 같은 채소는 냉장 보관을 오래 하면 빈혈을 일으키는 원인이 되기도 해요. 가능하면 구입해서 바로 섭취하는 것이 좋아요. 그렇지 못할 경우 살짝 익혀서 냉동실에 보관하고 빨리 소비해요. 냉동실에 얼렸던 재료는 한 번 해동하면 다시 냉동시키지 않아요.

오이와 당근에는 비타민C와 비타민C를 파괴하는 아스코르비나아제도 함께 들어 있어요. 비타민C가 풍부한 다른 채소와 함께 섭취할 경우

흡수를 저해할 수 있어요. 가열하면 비타민C가 파괴되기 때문에 식초를 사용하는 방법이 있어요. 식초와 함께 먹으면 효소가 불활성화 되어 오이, 당근 자체에 들어있는 비타민뿐 아니라 다른 채소에 들어있는 비타민도 함께 섭취 가능해요.

호박, 파프리카, 토마토, 버섯에 풍부한 비타민A, B는 기름에 볶아 먹으면 흡수가 더 잘 돼요. 기름으로 완전히 볶지 말고 기름을 조금만 넣고 볶다가 살짝 숨이 죽었을 때 물을 조금 넣어 약불로 익히면 찌는 효과를 낼 수 있어요. 부드럽게 익혀먹으면서도 기름의 양은 줄일 수 있어요.

양배추, 옥수수, 단호박, 고구마 등 딱딱한 채소는 부드럽게 쪄서 먹으면 소화 흡수에 더 도움이 돼요. 특히 아직 소화기관이 연약한 아기를 위한 이유식에서는 부드럽게 완전히 잘 익혀서 사용해요.

냉장과 냉동 보관 팁

내 아이에게 양질의 맛있고 건강한 음식을 만들어주고 싶은데 매 끼니 부엌에서 요리할 수 있는 시간이 허락되지 않을 때가 많아요. 매 순간 손길이 필요한 아기를 옆에 두고 끼니마다 새로운 이유식을 만드는 건 정말 어려운 일이에요. 냉장고를 잘 활용하면 맛있는 이유식을 조금 더 쉽고 빠르게 준비할 수 있어요.

냉장고와 냉동실에 보관할 때는 밀폐해서 보관해야 맛과 질감이 비교적 잘 보존돼요. 지퍼팩을 사용할 경우에는 공기를 잘 빼고, 용기를 사용할 경우에는 밀폐용기를 사용해요. 또한 이유식을 만든 후 장시간 상온에 두지 않고 식힌 뒤 바로 보관해요. 만들고 식혀서 바로 넣지 않고 상온에 오래 두면 세균과 박테리아가 번식할 수 있어요. 보관할 때는 헷갈리지 않도록 만든 날짜를 적어두면 더욱 좋아요. 냉동 보관 시 냉동 보관용기가 아닌 얇은 유리 용기에 얼리면 절대 안 돼요. 용기가 깨지며 생기는 유리 파편이 아기 음식에 들어가면 매우 위험해요.

냉동실에 보관했던 이유식을 잘못 녹이면 음식이 상할 수 있어요. 전자레인지나 냉장고에서 해동하고 상온에서 오랜 시간 해동하는 것은 피해주세요. 전자레인지를 사용해서 해동할 때는 내용물을 잘 저어서 체온에 맞는 온도인지 반드시 확인해 아기의 입을 데는 일이 없도록 해요. 체온에 가까운 온도가 되도록 중탕으로 데워주는 방법을 가장 추천합니다.

냉장실

● 이유식과 간식

이유식을 만들어 밀폐 용기에 담아 냉장 보관할 수 있어요. 그다음 날까지 보관이 가능해요. 냉장실에 있던 이유식을 아기에게 먹일 때는 중탕으로 아기의 체온 정도 온도까지 데워서 먹여요. 간식도 마찬가지로 보관할 때 밀폐 용기나 밀폐 가능한 지퍼팩에 보관해요.

● 채소와 과일

채소와 과일은 싱싱한 것을 구입해서 냉장 보관해요. 당근, 배추, 시금치, 비트 등의 채소는 냉장 보관을 오래하면 질산염이 많아져 빈혈을 유발할 수 있으니 구입한 당일 사용하도록 해요. 다른 채소와 과일들도 냉장 보관을 오래하면 비타민 등 영양소가 파괴되니 가급적 빨리 섭취해요.

● 고기와 생선

고기는 이틀 정도 냉장 보관이 가능하고 생선도 하루 정도 가능해요. 하지만 생고기와 날생선에는 바이러스가 쉽게 번식할 수 있으니 가급적 빨리 사용해요. 실온에 몇 시간씩 꺼내둔 생고기와 날생선을 이유식 조리에 사용하면 안 돼요.

냉동실

● 이유식과 간식

갑작스러운 일이 생기거나 여행을 앞두고 있을 때 등 급한 상황에서는 미리 만들어 놓은 이유식을 냉동 보관했다가 녹여서 데워줄 수 있어요. 아기를 키우다 보면 계획하지 않은 일이 일어나곤 해요. 그럴 때 바로 데워서 먹여줄 수 있도록 보험처럼 한두 가지 이유식을 냉동실에 넣어두곤 했어요. 하지만 습관처럼 많은 양을 만들어 냉동 보관하는 건 추천하지 않아요. 냉동실에 보관한 이유식은 일주일 이내로 먹여요. 냉동한 이유식은 해동 후 다시 냉동실에 넣지 않아요. 만약 해동한 이유식을 다 먹지 못했을 땐 과감하게 버리도록 해요.

● 채소와 과일

구입한 채소는 데치거나 찌거나 삶는 방법으로 살짝 익혀서 냉동 보관할 수 있어요. 저는 실리콘 얼음 틀에 한 번에 조리할 분량으로 채소를 손질해 냉동해두고 급할 때 꺼내서 사용했어요. 채소를 얼릴 때는 물을 살짝 넣어 함께 얼려주면 식감이 변하는 걸 어느 정도 방지할 수 있어요. 과일은 가능하면 냉동하지 않고 신선한 상태로 먹여요. 껍질과 씨를 제거하고 냉동한 과일은 스무디나 퓨레 등 간식을 만들 때 사용할 수 있어요.

● 고기와 생선

고기는 통째로 냉동하는 게 갈아서 냉동하는 것보다 맛과 식감 보존에 있어 더 유리해요. 통째로 보관할 때는 랩으로 잘 싸서 밀폐시켜 날짜를 적은 지퍼팩에 담아 보관해요. 갈아서 냉동할 때는 한 끼 분량으로 나누어 실리콘 얼음틀에 담아 보관해요. 혹은 지퍼팩에 얇게 펴 담아서 칼등으로 선을 그어 보관해도 좋아요. 그러면 똑똑 잘라쓰기 편해요. 생선도 마찬가지로 개별로 잘 밀폐시켜 날짜를 적은 지퍼팩에 담아 보관해요. 냉동 보관한 재료들은 일주일 이내로 사용해요. 장시간 보관하면 조직

사이에 얼음이 생겨 해동해도 식감이 많이 변해요. 냉장
고에서 자연 해동시켜 사용해요.

● 육수

이유식을 만들 때마다 매번 육수를 만드는 건 어려운 일
이에요. 또 육수는 조금씩 만드는 것보다 많은 재료를
사용해 만드는 것이 더 맛이 좋기도 하고요. 일주일에
한 번 육수를 만들어 냉동 보관하면 일주일 동안 이유식
을 만들 때 편리하게 사용할 수 있어요. 저는 모유팩에
육수를 200ml씩 나누어 보관했어요. 환경호르몬 검출
검사를 마친 모유팩에 보관하면 아기를 위해서도 더 좋
고, 내용물을 꺼내 쓰기에도 편리해요.

● 퓌레

채소 퓌레나 채소즙, 과일즙을 실리콘 얼음틀에 얼려서
보관하면 나중에 쏙쏙 꺼내 쓰기 참 편해요. 퓌레나 채
소즙, 과일즙은 다양하게 요리에 활용할 수 있어요. 일
주일에 1~2개의 퓌레를 만들어 보관하면 반죽을 할 때나
간식을 만들 때 응용할 수 있어요.

시간과 정성을 들여 만든 이유식을 잘 먹어주면 주방에서 치렀던 전쟁 같은 시간이 하나도 힘들지 않죠. 하지만 이유식 시작부터 완료기를 마칠 때까지 변함없이 잘 먹어주는 아이는 많지 않아요. 이유식을 거부하는 시기가 오곤 하는데 한창 자라고 있는 아이에게는 당연한 현상이니 너무 걱정하지 않아도 돼요. 이렇게 열심히 만들었는데 왜 안 먹어줄까 서운하게 생각하지 말고, 열심히 성장 중인 아기도 변화에 적응하려 노력 중에 있음을 기억해주세요.

초기 이유식은 고형식을 먹는 행위를 연습해보는 것이지, 하루에 필요한 모든 영양분을 보충하는 게 아니에요. 잘 먹지 않는다고 강제로 먹이거나 엄마가 실패했다고 좌절할 필요가 없어요. 아기도 엄마의 젖이나 우유병으로만 음식을 섭취하다가, 숟가락으로 먹는 방법을 배워가고 있어요. 많이 흘리고, 잘 삼키지 못해도 이해해주세요. 아기의 컨디션에 따라 잘 먹는 날도 있고 덜 먹는 날도 있으니 욕심내지 말고 한 숟가락부터 시작해보세요.

중기, 후기, 완료기 이유식 중 아이가 잘 먹지 않는다면 농도나 재료 등 아이 입맛을 잘 살펴보고 취향에 맞게 조금씩 맞춰주어요. 엄마가 먹

이고 싶은 좋은 재료와 아이가 좋아하는 맛있는 재료를 함께 사용해보는 것도 좋아요. 또 수유양이나 간식의 양이 너무 많은 건 아닌지 한 번 체크해주세요.

태어나서 처음 배우는 식사, 이유식. 식사라는 행위가 즐겁고 중요한 시간이라는 걸 배울 수 있도록 칭찬과 격려를 많이 해주세요. 잘 먹지 않는다고, 왜 엄마의 정성을 몰라주냐며 짜증 내고 혼 내면 아이는 식사시간을 두렵게 생각하며 자랄 거예요. 반대로 엄마가 아기에게 안달하거나 애원하지도 않아요. 한 숟가락 덜 먹어도 괜찮으니 엄마와 아이 모두가 즐거운 식사 시간이 되도록 해주세요. 태어나서부터 입이 짧고 1세, 2세까지 잘 먹지 않던 딸아이도 꾸준히 노력하니 세 살 무렵부터는 양도 늘고 편식도 줄어들었어요.

컨디션 확인

아기가 아프면 억지로 이유식을 먹일 필요는 없어요. 컨디션이 좋지 않을 때는 식사를 강요하지 말고 충분한 휴식과 수분 섭취를 도와주세요. 또 미리 짜두었던 식단 계획이 있더라도 아플 때는 아이를 위해 평소에 좋아했던 재료로 이유식을 만들어 주세요. 컨디션이 회복되면서 다시 입맛이 살아나고 양과 횟수도 정상으로 돌아오면, 그때 만들어 주고픈 이유식을 신경 써서 만들어 줄 수 있어요.

특히 치아가 올라오는 시기에는 아기가 많이 힘들어 해요. 물론 심하게 이앓이를 하는 아이도 있고 비교적 수월하게 지나가는 아이도 있는데, 저희 딸 같은 경우는 음식을 잘 먹지 않았어요. 이때 먹이려고 욕심을 부리면 아기도 부모도 서로 힘들기 때문에 마음을 조금 내려놓는 것도 괜찮아요. 치아가 잇몸을 뚫고 올라오는 시기가 지나면 점차 다시 먹기 시작하더라고요.

농도 조절

맛만큼이나 중요한 것 중 하나가 바로 이유식의 농도예요. 아이를 잘 관찰해보면 조금 되직한 걸 좋아하는 아이가 있고, 부드럽게 넘어가는 걸 좋아하는 아이가 있어요. 기본적으로는 시기에 맞는 농도로 이유식을 만들되, 아이의 취향에 맞게 조금씩 변형시켜 맞춰주세요. 예를 들면, 끈끈하고 되직한 걸 싫어하는 아이라면, 한 번에 입에 넣어주는 양을 조금 줄이고, 찹쌀이나 전분이 많은 뿌리채소, 끈적거리는 과일퓌레 같은 재료를 많이 사용하지 않아요. 해당 시기에 제시된 농도보다 물이 조금 많이 들어갔다면 그만큼 먹이는 양도 조금 더 늘려서 영양 섭취가 충분히 될 수 있도록 도와주세요.

육수 사용

중기로 넘어가면서부터는 육수를 이용해 이유식에 깊은 맛을 더해줘도 좋아요. 하지만 매 끼니 맛있는 육수를 만드는 일은 힘든 일이에요. 그럴 땐 〈냉장과 냉동 보관 팁〉(42~45쪽 참고)에서 이야기한 것처럼 미리 만들어 두었다가 한 팩씩 꺼내서 이유식을 만들면 편해요. 육수를 사용할 때는 아이에게 알레르기 반응을 체크한 재료인지 꼭 확인하고, 나트륨 함량이 높은 재료는 사용하지 않도록 해요.

아기의 입맛을 돋우는 육수

따로 간을 하지 않아서 맛이 심심한 이유식에 육수를 이용하면 좀 더 깊고 감칠맛 나는 이유식을 만들 수 있어요. 먼저, 육수를 만들기 전 기본적으로 숙지해야 할 사항이 있어요. 첫째, 육수는 알레르기 체크를 마친 식재료를 이용해요. 둘째, 해당 이유식 시기에 맞는 식재료를 사용해요.

　중기 이유식 이후부터 본격적인 육수 사용을 추천해요. 저는 초기 이유식 때는 육수를 따로 만들지 않고 각 이유식 재료를 삶거나 데칠 때 나온 물을 사용했어요. 육수의 맛이 식재료 고유의 맛을 가리지 않도록 하기 위해서였어요. 아기에게 식재료 하나하나 소개해주는 과정을 중요하게 생각했어요. 또 너무 이른 시기부터 진한 육수로 이유식을 만들면 후기, 완료기로 점점 이행해갈수록 아이는 더 강한 맛을 찾게 될 것 같아서 초기엔 따로 육수를 만들지 않았어요.

육수의 보관
다음 날까지 사용할 육수는 냉장실에, 그 이상 보관할 육수는 모유팩에 200ml씩 담아 냉동 보관해요(45쪽 두 번째 사진 참고) 냉동한 육수는 가급적 빨리 사용해요.

소고기육수
재료
소고기 300g
물 2.5L(이유식 시기에 맞춰 양파, 대피 등 항신 채소를 디해요.)

만들기
1 소고기는 덩어리째 담가 찬물에서 핏물을 살짝 제거해요.
2 냄비에 소고기와 물을 넣고 센 불에서 끓이다 물이 끓어오르면 약불로 줄여주세요.
3 뚜껑을 덮고 1시간 더 끓여줍니다.
4 소고기 육수는 식힌 뒤 하얗게 뜬 기름기를 모두 걷어내요.

닭고기육수
재료
영계 한 마리(500g)
물 2.5L(시기에 맞춰 양파, 대파 등 항신 채소를 더해요.)

만들기
1 닭고기는 깨끗하게 씻어 준비해요.
2 목, 꽁지 부분을 잘라내고 껍질을 벗겨주세요.
3 냄비에 닭과 물을 넣고 센 불에서 끓이다 물이 끓어오르면 약불로 줄여주세요.
4 뚜껑을 덮고 1시간 더 끓여줍니다.
5 닭고기 육수는 식힌 뒤 하얗게 뜬 기름기를 모두 걷어내요.

채소육수

재료

양파 1개, 대파 1뿌리, 무 1/2개
물 2.5L(시기에 맞춰 가종 채소를 더해요.)

만들기

1 채소는 깨끗하게 씻어 준비해요.
2 냄비에 채소와 물을 넣고 뚜껑을 덮어 1시간 끓여줍니다.

양파, 대파, 무를 기본으로 시기에 따라 각종 채소를 더해서 육수를 만들어요. 채소 육수에 들어가는 재료는 모두 알레르기 체크를 마친 것으로 시기에 맞는 재료들을 사용해요. 채소 육수는 알레르기 체크를 전부 마친 뒤 사용해야 하므로 중기 후반~후기 초반부터 사용하는 게 좋아요.

다시마육수

재료

다시마 10×10cm 1장
물 2.5L

만들기

1 다시마는 흐르는 물에 한 번 씻은 뒤 찬물 2.5L에 30분 불려줍니다.
2 다시마물과 다시마를 냄비에 넣고 약한 불로 끓여줍니다.
3 물이 끓어오르면 다시마는 건져내고 10분 더 끓여줍니다.

다시마육수를 사용하면 시원하면서도 살짝 단맛을 낼 수 있어요. 다시마는 오래 끓이면 쓴맛이 우러나기 때문에 찬물에 불리고 끓어오르면 바로 건져줍니다.

다양한 육수

재료

다양한 재료를 사용해 육수를
만들어요.

쉬운 계량과 조리 (불린 쌀 15g 기준)

불린 쌀 15g은 어른 숟가락으로 봉긋하게 올려 1큰술이에요. 평평하게
올리면 1큰술에 1/2큰술을 더하면 돼요.

불린 쌀 말고 지은 밥으로 이유식을 만들고 싶다면 1:2 비율을 기억하세
요. 불린 쌀 15g이면 지은 밥 30g이에요. 지은 밥 30g은 어른 숟가락으로
2큰술이에요(불린 쌀 1큰술=지은 밥 2큰술).

후기 이유식부터는 밥솥 이유식으로 손쉽게 이유식을 만들 수도 있어요.
육수와 함께 불린 쌀과 분량의 고기, 채소를 넣고 밥을 지으면 돼요. 밥솥
의 브랜드, 용량, 모델마다 조금씩 기능이 다르기 때문에 직접 몇 번 해보
고 알맞은 비율을 찾아주세요.

아주 조금
새알만큼 먹는 아기 이유식이지만
잘 먹어주길 바라는 마음
맛 없다고 안 먹으면 어쩌지?

정성껏 만든 이유식,
한 숟가락 덜 먹어도 괜찮으니
맛있게 먹으면 좋겠다

2

[초기 이유식]

아, 떨려! 성공할 수 있을까?
가장 쉬운 것부터 차근차근

아직까지는 모유나 분유를 통해 주요 영양분을 섭취하는 시기예요. 처음에는 많이 먹는 것보다 먹는 방법을 점차 익혀나가요. 다양한 색감, 질감, 맛으로 아기에게 '음식'을 소개해요. 아기가 충분히 쉬고 살짝 배고픈 상태일 때가 가장 좋아요. 너무 배고파서 울어버릴 정도가 되면 더욱 집중을 하지 못하고 먹는 양도 적어요.

이유식이 막막한 엄마 아빠에게
[초기 이유식]은 이렇게 해요
시작 시기: 만 4~6개월
먹는 양: 30~80ml
먹는 횟수: 1~2회(첫 달 1회, 두 번째 달 2회)
늘리는 양: 한 숟가락씩 늘리기
농도: 10배죽(첫 달), 8배죽(두 번째 달)
모유와 분유: 하루 700~1000ml

잠깐!
이유식을 만들기 전에 미리 알면 좋아요

레시피에 특별한 설명이 없다면,
채소와 과일의 껍질은 벗기고 씨는 제거해요.
생선은 껍질을 벗기고 가시를 제거해요.
닭고기는 껍질을 벗기고 살코기만 사용해요.
고기는 핏물을 살짝 제거해요.

재료에 표기된 양은 손질 후 요리에 직접 들어가는 양이에요.
육수는 증발하는 수분까지 계산해 넉넉히 잡았어요.
고기는 아기가 남기거나 조리 중 손실되는 양을 계산해 5g씩 여유
를 두고 만들었어요.

초기 이유식에서 고기미음을 할 때 고기 삶은 물은 버리지 않고 사
용해요. 중기 이유식부터 다양한 육수(48~51쪽)를 사용해요.

이유식은
곡류 → 고기 → 채소 → 과일 순으로 했어요.
초기 이유식 처음에는 한 가지 재료씩

알레르기 체크를 마치면 두 가지 재료를 섞어서 사용해요.
채소+채소, 채소+고기, 고기+과일 등 다양하게 해주세요.

알레르기 반응을 보이는 아기는 한 가지 재료를 4~5일 지켜보며
먹여 주세요. 두 가지 이상 재료를 사용할 때, 처음 시도하는 재료
외의 나머지는 알레르기 체크를 마친 재료여야 해요.

칼과 도마는 교차 오염이 되지 않도록
채소용, 고기용, 해산물용으로 구분해서 사용해요.
3분 정도 삶아서 소독할 수 있는 실리콘 제품을 권해요.

자, 그럼
흐르는 물에 30초 정도 충분히 손을 씻고 시작해볼까요?
아, 참!
각각의 재료를 손질한 뒤에도 교차 오염이 되지 않도록 매번 손을
씻어주세요.

이유식의 시작

쌀미음

쌀은 알레르기 반응을 잘 일으키지 않아 처음 아기에게 소개하기 좋은 식재료예요. 초기 이유식의 모든 레시피에서는 재료를 익히며 날아가는 수분까지 계산해 물을 조금 더했어요. 초기 이유식은 숟가락에서 주르륵 흐르는 약 10배죽 농도예요. 아기의 식사량에 따라 다르지만 완성된 미음은 약 2회분입니다.

재료

불린 쌀 15g

물 180ml

1 믹서기에 불린 쌀 15g과 물 30ml
를 넣고 곱게 갈아줍니다.

2 냄비에 1과 물 150ml를 넣고 센
불에서 끓여줍니다.

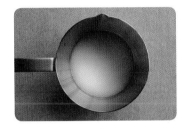

3 보글보글 끓어오르면 바로 약불
로 줄여 저어가며 6분 정도 익혀줍
니다.

4 체에 곱게 걸러 체온 정도로 미지
근하게 식혀줍니다.

POINT

미음을 만들며 시간을 재보니 아기가 먹기에는 약불에서 6분 정도가 적당했어요. 초기 이유식
첫 달에는 하루에 한 번 이유식을 먹여 주세요. 아기가 이유식을 잘 먹고 적응을 잘하면 두 번
째 달에는 하루에 두 번으로 횟수를 늘려주어도 괜찮아요.

찹쌀미음

찹쌀은 쌀과 영양소는 같지만 조금 더 찰기가 더해진 식감이에요. 아기가 끈적이는 식감을 싫어한다면 굳이 찹쌀미음을 먹이지 않아도 괜찮지만 설사 증상이 나타나면 찹쌀을 이용해보세요.

재료

불린 찹쌀 15g

물 180ml

1 믹서기에 불린 찹쌀 15g과 물 30ml를 넣고 곱게 갈아줍니다.

2 냄비에 1과 물 150ml를 넣고 센 불에서 끓여줍니다.

3 보글보글 끓어오르면 바로 약불로 줄여 저어가며 6분 정도 익혀줍니다.

4 체에 곱게 걸러 체온 정도로 미지근하게 식혀줍니다.

POINT

다양한 조리법을 소개하기 위해 초기 이유식에서는 불린 쌀을 갈 때 믹서기를 사용하고, 중기 이유식에서는 절구에 쌀을 빻았어요. 초기 이유식을 만들 때도 쌀을 절구에 곱게 빻아 끓인 뒤 체에 걸러도 좋아요. 믹서기나 절구 등 조리기구 선택은 편한 것으로 고르면 돼요. 처음 끓어오를 때 쌀가루가 뭉치지 않도록 거품기나 주걱, 혹은 수저로 풀어주며 저어주세요.

애호박미음

애호박은 알레르기 반응이 비교적 적은 편이고, 은은한 향과 달콤한 맛이 나는 채소예요. 애호박은 껍질째 계량해서 10g 사용하는데 초기에는 초록색 껍질을 얇게 벗겨내고 씨를 제거해 노란 속살만 8g 이용해요.

재료

불린 쌀 15g
애호박 8g
물 180ml

1 믹서기에 불린 쌀 15g과 물 30ml
를 넣고 곱게 갈아줍니다.

2 애호박은 껍질과 씨를 제거해 잘
게 썰어 끓는 물에서 익혀줍니다.

3 2의 애호박은 체에 곱게 내려줍
니다.

4 냄비에 1, 3과 물 150ml를 넣고
보글보글 끓어오르면 바로 약불
로 줄여 저어가며 6분 정도 익혀
줍니다.

POINT

아기가 잘 먹는다면 완성된 이유식을 따로 체에 내리지 않고 만들어 고형식 먹는 연습을 시
도해 보세요. 만약 아기가 삼키지 못하고 밀어내는 등 아직 준비가 덜된 것 같다면, 다시 체에
곱게 내려 먹여 주세요. 서두를 필요는 없어요. 초기 이유식 첫 달엔 아기에 맞춰 차근차근 천
천히 진행하는 것이 좋아요.

설사에 좋은
감자미음

감자는 찹쌀과 마찬가지로 설사할 때 사용하기 좋은 식재료예요. 오래 보관하지 않은 신선한 감자를 사용하고 껍질에 초록빛이 돌거나 싹이 난 감자는 사용하지 마세요. 솔라닌이라는 독성이 있는데 조리 과정을 통해 어느 정도 제거가 된다 해도 적은 양에 영향을 받는 아기를 위한 이유식에는 사용하면 안 돼요.

불린 쌀 15g
감자 10g
물 180ml

1 믹서기에 불린 쌀 15g과 물 30ml
를 넣고 곱게 갈아줍니다.

2 껍질을 벗긴 감자는 익혀서 체에
곱게 내려줍니다.

3 냄비에 1, 2와 물 150ml를 넣고 센
불에서 끓어줍니다.

4 보글보글 끓어오르면 바로 약불
로 줄여 저어가며 6분 정도 익혀줍
니다.

POINT

고구마미음도 감자 대신 고구마를 사용해 같은 방법으로 만들면 돼요.
감자의 솔라닌이라는 독성은 구토, 설사, 어지러움, 두통, 열, 저체온증 등을 일으킬 수 있어요.
아무리 적은 양이라도 아기 이유식에는 영향을 줄 수 있으니 사용하지 않아요.

양배추미음

양배추에는 식이섬유와 비타민C, 칼슘 등이 풍부해 성장하는 아기에게 좋은 식재료예요. 양배추를 사용할 때는 단단한 심은 제거하고 부드러운 안쪽 잎 부분만 사용해요. 양배추 삶은 물은 사용하지 않아요.

재료

불린 쌀 15g
양배추 10g
물 180ml

1 양배추는 끓는 물에 삶아줍니다.

2 믹서기에 불린 쌀 15g과 익은 양배추를 물 50ml와 함께 넣고 곱게 갈아줍니다.

3 냄비에 1, 2와 물 130ml를 넣고 센불에서 끓여줍니다.

4 보글보글 끓어오르면 바로 약불로 줄여 저어가며 6분 정도 익혀줍니다.

POINT

이유식을 시작하면 모유나 분유만 먹을 때와 달리 변의 상태가 많이 달라져요. 살짝 묽은 변을 보기도 하고, 색상이 변하기도 하죠. 이것은 당연한 현상이에요. 하지만 아기가 변비에 걸리면 매우 힘들어 하는데, 양배추는 변비에 걸렸을 때 사용하기 좋아요. 외국에서는 소화불량이 일어날 수 있다는 이유로 양배추를 돌 이후에 먹이기도 해요. 따라서 줄기부분의 식이섬유가 아기의 위장에 부담을 주지 않도록 안쪽의 부드러운 이파리 부분만 사용해요.

소고기미음

이유식 시기에 병원에 가면 어느 의사선생님이나 소고기 섭취의 중요성을 강조했어요. 만약 만 6개월이 지나 이유식을 시작한다면 철분 보충을 위해 소고기를 좀 더 빨리 먹여주세요. 만 6개월이 지나면 태어날 때 엄마에게 받은 철분이 바닥나기 시작하기 때문이에요.

재료

불린 쌀 15g
소고기 10g
물 200ml

1 소고기는 핏물을 살짝만 제거해 작게 썰어 물 170ml에 삶아줍니다.

※소고기 삶은 물은 버리지 않아요.

2 믹서기에 불린 쌀 15g과 익힌 소고기를 물 30ml와 함께 넣고 곱게 갈아줍니다.

3 냄비에 2와 소고기 삶은 물을 넣고 센 불에서 끓여줍니다.

4 보글보글 끓어오르면 바로 약불로 줄여 저어가며 6분 정도 익혀줍니다.

POINT

처음엔 체에 내려 부드러운 식감으로 소고기를 익혀주고, 익숙해지면 점차 곱게 다져 먹이도록 합니다. 익힌 소고기는 믹서기로 갈거나 칼로 곱게 다지거나 절구에 으깨는 방법이 있는데 처음에는 믹서기를 사용하고 익숙해질수록 입자를 살려 다지면 돼요.
소고기는 부드럽고 지방이 적은 안심이나 우둔살 부위를 사용하고, 아이가 많이 거부하지 않는다면 철분 보충을 위해 핏물 제거를 많이 하지 않아요. 아기가 소고기 특유의 냄새를 싫어한다면 소고기 삶은 물을 사용하지 않고 깨끗한 물로 대체해요.

오이미음

이유식을 만들면서 오이미음은 무슨 맛일까 궁금했는데 생각보다 시원하고 상큼한 향이 강해요. 오이의 씨는 제거하고 단단한 껍질은 벗겨서 사용합니다.

재료

불린 쌀 15g
오이 10g
물 180ml

1 믹서기에 불린 쌀 15g과 물 30ml를 넣고 곱게 갈아줍니다.

2 씨를 제거하고 껍질을 벗긴 오이는 강판에 곱게 갈아줍니다.

3 냄비에 1, 2와 물 150ml를 넣고 센불에서 끓여줍니다.

4 보글보글 끓어오르면 바로 약불로 줄여 저어가며 6분 정도 익혀줍니다.

POINT

차가운 성질의 오이미음은 아기가 열이 날 때 먹으면 좋아요. 하지만 아기가 아플 때 먹고 싶어하지 않는다면 새로운 재료의 이유식을 강요하지 않아요. 아기가 많이 아플 땐 이유식보다 우선 병원으로 달려가야 해요. 평소 좋은 재료의 음식을 통해 아이에게 건강을 차츰 쌓아줄 수는 있어요. 하지만 아기가 아프다면 음식으로 치유하려 하지 말고 병원에 가서 제 시간 안에 전문가의 도움을 받아야 해요. 제가 책을 통해 어떤 증상에 도움이 된다고 표현하는 것은 약과 충분한 휴식, 수분 보충을 전제로 도움이 될 만한 이유식을 소개하는 것이에요.

완두콩미음

완두콩미음은 완두콩 껍질을 하나하나 제거해야 하기 때문에 다른 이유식에 비해 손이 많이 가요. 저는 아이에게 달콤한 완두콩의 맛을 소개해주고 싶어서 만들어 주었어요. 콩 종류는 알레르기나 아토피 반응을 좀 더 주의 깊게 체크해주세요.

재료

불린 쌀 15g
완두콩 10g
물 180ml

1 믹서기에 불린 쌀 15g과 물 30ml 를 넣고 곱게 갈아줍니다.

2 완두콩은 부드럽게 삶아 껍질을 제거해 체에 내려줍니다.

3 냄비에 1, 2와 물 150ml를 넣고 센 불에서 끓여줍니다.

4 보글보글 끓어오르면 바로 약불 로 줄여 저어가며 6분 정도 익혀줍 니다.

POINT

레시피의 완두콩은 생/냉동 완두콩 혹은 불린 완두콩을 계량하여 10g이에요. 완두콩은 제철일 때 생콩을 사용하거나 냉동 완두콩을 사용하면 좀 더 부드러워요. 말린 완두콩은 하루 전날 미 리 불려서 사용해요. 맛과 향은 조금 다르답니다.

색깔도 곱고 맛도 달콤한

단호박미음

달콤하고 고소한 맛의 단호박은 비타민이 풍부해요. 특히 체내에서 비타민A로 전환되
는 베타카로틴이 풍부하게 들었답니다. 이유식으로 만들었을 때 노란 빛깔이 예뻐서
아기가 입으로 맛보기 전, 눈으로도 음식을 배울 수 있는 재료예요.

재료

불린 쌀 15g
단호박 10g
물 180ml

1 믹서기에 불린 쌀 15g과 물 30ml
  를 넣고 곱게 갈아줍니다.

2 초록색 껍질을 벗긴 단호박은 쪄
  서 체에 내려줍니다.

3 냄비에 1, 2와 물 150ml를 넣고 센
  불에서 끓여줍니다.

4 보글보글 끓어오르면 바로 약불
  로 줄여 저어가며 6분 정도 익혀줍
  니다.

POINT

단호박은 서늘하고 어둡고 습하지 않은 공간에서 껍질을 벗기지 않은 채로 두 달 정도 보관이
가능해요. 껍질을 벗기고 잘랐다면 밀폐 지퍼팩에 담아 냉장고에서 3~5일 보관 가능해요.

브로콜리미음

비타민A, 비타민C, 칼슘, 철분 등 영양소가 풍부한 브로콜리는 단단하고 질긴 밑동은 사용하지 않고 위에 있는 송이 부분만 사용해서 이유식을 만들어요. 꽃이 핀 브로콜리는 맛과 영양이 떨어지므로 송이가 단단하면서 가운데가 볼록 솟아있으며 잘라낸 줄기 단면이 싱싱한 것으로 골라요.

재료

불린 쌀 15g
브로콜리 5g
물 180ml

1 브로콜리는 송이 부분만 끓는 물에 3분간 삶아줍니다.

2 믹서기에 불린 쌀 15g과 삶은 브로콜리를 물 50ml와 함께 넣고 곱게 갈아줍니다.

3 냄비에 2와 물 130ml를 넣고 센불에서 끓여줍니다.

4 보글보글 끓어오르면 바로 약불로 줄여 저어가며 6분 정도 익혀줍니다.

POINT

콜리플라워미음도 재료만 브로콜리에서 콜리플라워로 바꾸고 동일한 조리법으로 이유식을 만들어 주세요.
양이 적은 이유식을 만들 때는 용량이 큰 믹서기보다 용량이 작은 믹서기를 사용하는 것이 더 편해요. 한꺼번에 180ml를 넣고 갈면 재료의 양이 적어 잘 갈리지 않기 때문이에요.

청경채미음

처음 잎채소를 사용할 때는 잎이 아기 입천장에 달라붙거나 목에 걸리지 않도록 체로 곱게 내려서 사용해요. 단단한 줄기는 사용하지 않고 부드러운 초록색 이파리 부분만 4g 준비해서 사용해요.

재료

불린 쌀 15g
청경채 4g
물 180ml

1 청경채는 잘게 썰어 끓는 물 150ml에 데쳐줍니다.

※청경채 데친 물은 버리지 않아요.

2 믹서기에 불린 쌀 15g과 익힌 청경채를 물 30ml와 함께 넣고 곱게 갈아줍니다.

3 냄비에 2와 청경채 데친 물을 넣고 센 불에서 끓여줍니다.

4 보글보글 끓어오르면 바로 약불로 줄여 저어가며 6분 정도 익혀줍니다.

POINT

잎채소 중 비타민미음도 재료만 청경채에서 비타민으로 바꾸고 동일한 조리법으로 이유식을 만들어 주세요.
청경채는 신진대사 기능을 촉진하고 세포 기능이 튼튼해지는 효능이 있기 때문에 아기에게 꼭 필요한 이유식 식재료라 할 수 있어요.

소화도 잘 되고 부드러운 단백질

닭고기미음

닭고기는 단백질이 풍부한 식품으로 다른 육류에 비해 소화가 잘 돼요. 살코기가 부드러워 아기들이 잘 먹는 재료예요. 이유식을 만들 때 닭고기는 지방이 적은 가슴살이나 안심을 사용해요. 안심의 경우 힘줄이 있으니 제거하고 사용해요.

재료

불린 쌀 15g
닭고기 10g
물 180ml

1 닭고기는 물 150ml에 삶아줍니다.

※닭고기 삶은 물은 버리지 않아요.

2 믹서기에 불린 쌀 15g과 익힌 닭
고기를 물 30ml와 함께 넣고 곱게
갈아줍니다.

3 냄비에 2와 닭고기 삶은 물을 넣
고 센 불에서 끓여줍니다.

4 보글보글 끓어오르면 바로 약불
로 줄여 저어가며 6분 정도 익혀줍
니다.

POINT

소고기와 마찬가지로 처음에 아기가 먹기 어려워하면 체에 한 번 더 걸러 부드럽게 먹여 주세
요. 익숙해지면 점차 믹서기로 간 형태에서 곱게 다진 그대로의 고기로 입자를 키워가며 다시
시도합니다.

사과미음

달콤한 과일은 쌀, 고기, 채소 다음으로 가장 나중에 시도했어요. 초기에는 사과나 배처럼 비교적 산도가 낮은 과일을 완전히 익혀요. 열에 완전히 익힌 과일은 소화 흡수가 잘 되고, 단백질 구조가 붕괴되어 알레르기 발생 확률도 낮아요. 사과는 알레르기가 비교적 적은 편이고 친숙한 과일이기 때문에 처음 시도하기 좋아요.

재료

불린 쌀 15g
사과(껍질 벗겨서) 10g
물 180ml

1 믹서기에 불린 쌀 15g과 물 30ml
를 넣고 곱게 갈아줍니다.

2 껍질을 벗긴 사과는 강판에 곱게
갈아줍니다.

3 냄비에 1, 2와 물 150ml를 넣고 센
불에서 끓여줍니다.

4 보글보글 끓어오르면 바로 약불
로 줄여 저어가며 6분 정도 익혀줍
니다.

POINT

배미음도 재료만 사과에서 배로 바꾸고 동일한 조리법으로 이유식을 만들어 주세요.
만약 아기가 잘 삼키지 못하고 강판에 간 과일 입자를 불편해 한다면 체에 곱게 내려 먹여 주
세요. 익숙해지면 다시 시도합니다.

두 가지 재료의 시도

감자애호박미음

한 가지씩 시도해서 재료에 대한 알레르기 체크와 선호도 파악이 끝나면 이제는 두
가지 재료를 섞어 이유식을 만들어요. 두 가지 중 한 가지는 알레르기 체크를 마친
재료를 사용해야 이상 반응이 있어도 어떤 재료 때문인지 알 수 있어요. 채소+채소,
고기+채소, 고기+과일 등으로 다양하게 조합을 만들어 보세요.

불린 쌀 15g
물 180ml
감자 10g
애호박 10g

1 믹서기에 불린 쌀 15g과 물 30ml를 넣고 곱게 갈아줍니다.

2 껍질을 벗긴 감자는 삶거나 쪄서 체에 내려줍니다.

3 껍질을 벗기고 씨를 제거한 애호박은 잘게 썰어 삶아 체에 내려줍니다.

4 냄비에 1, 2, 3과 물 150ml를 넣고 센 불에서 끓여줍니다.

5 보글보글 끓어오르면 바로 약불로 줄여 저어가며 6분 정도 익혀줍니다.

POINT

두 가지 이상의 재료를 섞어서 이유식을 만들 때는 식재료 간의 궁합과 아기의 선호도를 따져서 만들면 좋아요. 예를 들면 소고기 이유식을 만들 땐 소고기의 철분 흡수를 도와주는 브로콜리를 함께 사용하면 좋겠죠. 또 평소 아기가 닭고기 이유식을 좋아했다면 잘 먹지 않는 채소를 닭고기 이유식에 넣어 만들어줄 수 있어요.

소고기브로콜리미음

초기 이유식 두 번째 달에는 고기가 들어가는 이유식 비율을 점차 늘려주세요. 이제 중기 이유식으로 넘어가면 여러 가지 재료 중 한 가지는 고기를 사용하게 될 거랍니다. 브로콜리는 소고기의 철분 흡수를 도와주기 때문에 둘의 궁합이 아주 좋아요.

재료

불린 쌀 15g
소고기 5g
브로콜리 8g
물 180ml

1 소고기는 작게 썰어 물 150ml에 삶아줍니다.

※ 소고기 삶은 물은 버리지 않아요.

2 믹서기에 불린 쌀 15g과 익힌 소고기를 물 30ml와 함께 넣고 갈아줍니다.

3 브로콜리는 꽃부분만 끓는 물에 삶아 곱게 다져줍니다.

4 냄비에 2, 3과 소고기 삶은 물을 넣고 센 불에서 끓여줍니다.

5 보글보글 끓어오르면 바로 약불로 줄여 저어가며 6분 정도 익혀줍니다.

POINT

이유식 시기에 사용할 수 있는 철분이 풍부한 재료들을 소개해요. 철분이 풍부한 재료로는 소고기, 사과, 강낭콩, 닭고기, 달걀노른자, 비트, 자두, 브로콜리, 바나나, 새우, 딸기, 토마토, 오렌지 등이 있어요. 해당 이유식 시기에 맞게 선택해서 먹여요. 철분의 흡수를 위해 비타민C가 풍부한 양배추, 브로콜리, 감자 등과 함께 먹으면 더욱 좋아요.

맛있는 간식 주세요!

초기 이유식 사이사이 간식으로는 부드러운 퓌레를 자주 만들어 주었어요. 퓌레는 재료를 익힌 뒤 체로 곱게 걸러 만들어요.

책에서는 간식을 오래 보관하지 않고 아이의 먹성에 따라 한 번에서 두 번 정도 먹을 양만큼만 만들었어요. 먹성이 좋은 아기라면 좀 더 만들어도 괜찮아요. 단, 간식 섭취량이 너무 많으면 식사량이 줄어들 수 있으니 주의해요.

농도는 배, 사과, 냉동 완두콩, 단호박 순으로 수분이 적어지고 뻑뻑해져요.

사과퓌레

사과퓌레는 아기가 묽은 변을
볼 때 먹이면 효과가 좋은 간
식이에요. 익힌 사과는 많이
먹으면 변비가 올 수 있으니
주의해요.

재료

사과 50g(약 1/4개)

1 껍질과 씨를 제거한 사과는 작게
  썰어 끓는 물에 10분 익혀줍니다.

2 잘 익힌 사과를 체에 곱게 내려줍
  니다.

배퓌레

배는 달콤하고 수분도 많은 과
일이에요. 달콤한 맛이 좋아서
이유식 위에 토핑처럼 올려주
어도 좋아요. 하지만 많이 먹
으면 배탈이 날 수 있으니 주
의해요.

재료

배 60g(약 1/5~1/6개)

1 껍질과 씨를 제거한 배는 작게 썰
어 끓는 물에 10분 익혀줍니다.

2 잘 익힌 배를 체에 곱게 내려줍
니다.

이유식에도 유용하게 사용할 수 있는

단호박퓌레

단호박은 눈과 피부 건강을 지
켜주는 비타민A가 많아요. 단
호박 퓌레는 만들어서 냉동실
에 보관해두면 간식이나 이유
식을 만들 때 유용하게 활용할
수 있어요.

재료

단호박 50g(껍질과 씨
를 제거한 노란 속살
만 약 1/8개)

1 껍질과 씨를 제거한 단호박은 찜
기에서 20분 쪄줍니다.

2 잘 익힌 단호박을 체에 곱게 내려
줍니다.

완두콩퓌레

달콤한 완두콩퓌레는 단백질과
복합 탄수화물, 엽산이 풍부
해요. 아기가 무른 변을 볼 때
만들어 주기 좋은 간식이에요.

재료

냉동 완두콩 40g

1 냉동 완두콩을 끓는 물에 10분 익
혀줍니다.

2 완두콩의 껍질을 골라내고 체에
곱게 내려줍니다.

3

[중기 이유식]

고기로 철분과 단백질 보충
다양하고 복합적인 맛 소개

육류는 적어도 한 끼에 10g씩 두 끼 섭취(총 20g)해야 철분과 단백질을 보충할 수 있
어요. 한 가지 육류에 맛과 영양으로 궁합이 잘 맞는 채소나 과일을 더해요. 아기에게
초기 이유식보다 다양하고 복합적인 맛을 소개해요. 이 시기에는 농도가 좀 더 되직해
지고 씹는 입자도 커져요. 또, 물 대신 육수로 깊은 맛을 더해줄 수 있어요. 육수는 집
에 있는 재료를 사용하되 반드시 알레르기 체크를 마친 재료를 이용해서 만들어요.

이유식이 막막한 엄마 아빠에게
[중기 이유식]은 이렇게 해요

시기: 7~9개월

먹는 양: 50~120ml

먹는 횟수: 하루 2~3회, 간식은 1~2회

농도: 5~6배죽(첫 달 6배죽, 두 번째 달 5배죽)

쌀알 크기는 1/4등분 정도

재료 입자는 3mm 정도

모유와 분유: 하루 600~700ml

아기에게 다양한 식재료의 맛을 소개해주세요.
알레르기 체크는 필수사항이에요.

탄수화물, 단백질, 지방, 비타민, 무기질 등
5대 영양소로 맛과 영양을 골고루 공급해주세요.

양파단호박소고기죽

이제 아기의 몸에 지니고 있는 철분이 부족해지기 시작해요. 육류를 통해 철분을 보충해주고 성장에 필요한 단백질도 열심히 공급해주세요. 아기가 남기거나 조리 중 손실되는 양을 계산해 고기는 5g 더 여유있게 준비했어요. 중기부터는 다양한 육수 (48~51쪽)를 사용해보세요. 재료를 삶은 뒤 육수를 버리지 않고 활용해도 좋아요.

재료

불린 쌀 15g
소고기 15g
단호박 15g
양파 10g
육수 280ml

1 불린 쌀은 절구에 넣고 쌀알이 1/4등분이 되도록 여러 번 찧어 줍니다.

2 냄비에 육수를 넣고 보글보글 끓어오르면 소고기와 양파를 넣고 5분 삶아줍니다.

3 단호박은 껍질과 씨를 제거하고 찜기에 쪄서 노란 속 부분만 으깨어 준비합니다.

4 소고기와 양파를 건져내 3mm 정도 크기로 잘게 썰어 절구에 찧어줍니다.

5 2의 육수에 1, 3, 4를 넣고 센 불에서 끓기 시작하면 약불로 줄여 9분 정도 저어가며 끓여줍니다.

POINT

중기 이유식 첫 달에는 고기와 채소를 잘게 썰어 절구에서 2~3번 으깨어 이유식을 만들어요. 중기 두 번째 달로 넘어가면 재료를 약 3mm 정도 크기로 잘게 썰어 그대로 사용합니다. 고형식 먹는 연습을 시켜주세요. 만약 아기가 삼키기 어려워한다면 절구에 1~2번 더 으깨어 만들어 주고, 며칠 뒤에 다시 시도해보기를 반복합니다. 특히 고기는 채소에 비해 씹기 어려워하는 경우가 많으니 처음에는 작게 썰어서 시도해요.

양송이청경채소고기죽

양송이버섯은 무기질뿐 아니라 육류의 단백질까지 고루 갖춘 종합영양세트라 할 수 있어요. 버섯 중 단백질 함량이 가장 뛰어나다고 해요. 양송이버섯과 소고기는 영양학적으로도 맛으로도 궁합이 좋아요.

재료

불린 쌀 15g
소고기 15g
청경채 5g
양송이버섯 10g
육수 280ml

1 불린 쌀은 절구에 넣고 쌀알이
  1/4등분이 되도록 여러 번 찧어줍
  니다.

2 냄비에 육수를 넣고 보글보글 끓
  어오르면 소고기와 청경채, 양송
  이버섯을 넣고 5분 삶아줍니다.

3 소고기와 청경채, 양송이버섯을
  건져내 3mm 정도 크기로 잘게 썰
  어 절구에 찧어줍니다.

4 2의 육수에 1, 3을 넣고 센 불에서
  끓기 시작하면 약불로 줄여 9분 정
  도 저어가며 끓어줍니다.

POINT

재료를 삶을 때 증발하는 수분까지 계산해서 육수를 280ml 정도로 넉넉히 잡았어요. 냄비에서
5분 정도 재료를 익히는 과정에서 수분이 100ml 정도 증발되기 때문이에요. 중기 이유식은 완
성되었을 때 5~6배죽이며, 숟가락에서 부드러운 잼처럼 뭉쳐 뚝뚝 떨어지는 농도예요.

아기의 심장이 튼튼해지는

아스파라거스사과소고기죽

상큼한 사과와 영양소가 풍부한 아스파라거스로 만든 소고기 이유식이에요. 아스파
라거스의 줄기는 껍질을 벗겨 사용하지만 워낙 잘게 썰기 때문에 굳이 껍질을 벗기지
않아도 돼요. 질긴 밑동은 잘라내고 부드러운 줄기부분을 사용해요.

불린 쌀 15g
소고기 15g
아스파라거스 10g
사과 10g
육수 280ml

1 불린 쌀은 절구에 넣고 쌀알이
1/4등분이 되도록 여러 번 찧어줍
니다.

2 냄비에 육수를 넣고 보글보글 끓
어오르면 소고기와 아스파라거스,
사과를 넣고 5분 삶아줍니다.

3 소고기와 아스파라거스, 사과를
건져내 3mm 정도 크기로 잘게 썰
어 절구에 찧어줍니다.

4 2의 육수에 1, 3을 넣고 센 불에서
끓기 시작하면 약불로 줄여 9분 정
도 저어가며 끓여줍니다.

POINT

아스파라거스는 미국이나 유럽에서도 아기에게 비교적 일찍부터 자주 먹이는 식재료예요. 요
즘엔 마트에서도 쉽게 찾아볼 수 있어요. 아스파라거스는 슈퍼그린푸드라고 불릴 만큼 엽산 등
영양소가 풍부해요. 세포와 심장을 튼튼하게 하고 아기의 신체가 쑥쑥 성장하는 데 도움을 많
이 주는 식재료예요.

애호박밀가루소고기죽

알레르기 발생 위험을 낮추기 위해 밀가루를 조금씩 넣은 이유식도 가끔 만들어 주세요. 애호박은 껍질을 아주 얇게 벗기고 씨를 제거해서 준비해요. 초기에는 체에 거르나 중기에는 칼로 다져 그대로 사용하기 때문에 씨를 제거해요. 차츰 익숙해져 후기로 가면 씨도 그대로 사용합니다.

재료

불린 쌀 15g
소고기 15g
애호박 20g
밀가루 1자밤
육수 280ml

※ 자밤은 꼬집의 바른
표기입니다.

1 불린 쌀은 절구에 넣고 쌀알이
1/4등분이 되도록 여러 번 찧어줍
니다.

2 냄비에 육수를 넣고 보글보글 끓
어오르면 소고기와 애호박을 넣고
5분 삶아줍니다.

3 소고기와 애호박을 건져내 3mm
정도 크기로 잘게 썰어 절구에 찧
어줍니다.

4 2의 육수에 1, 3과 밀가루 한 자밤
을 넣고 센 불에서 끓기 시작하면
약불로 줄여 9분 정도 저어가며 끓
어줍니다.

POINT

밀가루는 4개월 이전에 먹이면 알레르기가 생길 확률이 높아요. 반대로 너무 늦게 먹여도 비슷
한 현상이 일어난다고 해요. 4~7개월 사이에 조금씩 노출을 시도해보는 것이 좋다고 하니 이
유식을 만들 때 한 자밤씩 넣어 밀가루를 접할 수 있도록 해주세요. 매일 만들어줄 필요는 없
어요.

두뇌 발달에 좋은 자연이 주는 버터

아보카도양파소고기죽

아보카도는 엽산과 비타민, 칼륨, 불포화지방을 풍부하게 함유하고 있어 두뇌 발달과 피부, 눈 건강에 도움이 돼요. 식감이 부드러워 이유식과 간식에 사용하기 좋아요. 8~9개월 무렵 혼자 손으로 먹는 연습을 할 때도 스틱 모양으로 잘라주면 훌륭한 핑거푸드가 돼요. 부드러워도 너무 잘게 조각내면 질식의 위험이 있으니 주의해요.

재료

불린 쌀 15g
소고기 15g
아보카도 15g
양파 5g
육수 280ml

아보카도 손질법

1 불린 쌀은 절구에 넣고 쌀알이
1/4등분이 되도록 여러 번 찧어
줍니다.

2 냄비에 육수를 넣고 보글보글
끓어오르면 소고기와 양파를 넣
고 5분 삶아줍니다.

3 아보카도는 껍질을 벗겨 잘게
다져 준비합니다.

4 소고기와 양파를 건져내 3mm
정도 크기로 잘게 썰어 절구에
찧어줍니다.

5 2의 육수에 1, 3, 4를 넣고 센 불
에서 끓기 시작하면 약불로 줄여
9분 정도 저어가며 끓여줍니다.

POINT

부드러운 식감의 아보카도는 외국에선 초기 이유식 재료로도 많이 사용해요. 바로 사용할 아보
카도는 겉이 검붉은색이 돌고 과육이 부드럽게 잘 익은 것으로 고르고, 숙성이 덜 된 아보카도
는 숙성시킨 후 껍질과 씨를 제거하여 사용합니다.

뼈를 튼튼하게

시금치브로콜리양파소고기죽

시금치는 엽산, 비타민, 칼슘, 철분이 풍부해 이유식 시기에 사용하기 좋은 재료예요. 질산염으로 우려하는 경우도 있으나 이유식에 사용하는 양은 걱정할 필요가 없다고 해요. 이유식으로 만들 때 시금치는 생으로 먹이지 않고 한 번 데쳐서 사용해요.

불린 쌀 15g
소고기 15g
브로콜리 10g
시금치 5g
양파 5g
육수 280ml

1 불린 쌀은 절구에 넣고 쌀알이 1/4등분이 되도록 여러 번 찧어줍니다.

2 냄비에 육수를 넣고 보글보글 끓어오르면 소고기, 브로콜리, 시금치, 양파를 넣고 5분 삶아줍니다.

3 소고기와 브로콜리, 시금치, 양파를 건져내 3mm 정도 크기로 잘게 썰어 절구에 찧어줍니다.

4 2의 육수에 1, 3을 넣고 센 불에서 끓기 시작하면 약불로 줄여 9분 정도 저어가며 끓여줍니다.

POINT

알레르기 반응을 보이는 아기라면 한 가지 재료를 4~5일 정도 지켜보며 먹여 주세요. 중기와 후기 이유식에서 여러 가지 재료를 사용할 때, 처음 시도하는 재료가 있다면 반드시 나머지 재료는 알레르기 체크를 마친 재료를 사용해주세요.

표고배대추소고기죽

아기가 감기에 걸려 고생을 하면 엄마 아빠의 마음은 찢어지지요. 대신 아파줄 수도 없고 안쓰럽고 마음이 아파요. 배와 대추를 이용해 감기 기운이 있을 때 아기에게 먹이면 좋은 이유식을 만들어 보았어요.

재료

불린 쌀 15g
소고기 15g
생표고 5g
배 15g
대추 10g
육수 280ml

1 불린 쌀은 절구에 넣고 쌀알이 1/4등분이 되도록 여러 번 찧어줍니다.

2 냄비에 육수를 넣고 보글보글 끓어오르면 소고기와 표고버섯, 배를 넣고 5분 삶아줍니다.

3 대추는 씨를 빼고 쪄서 체에 내려줍니다.

4 소고기와 표고버섯, 배를 건져내 3mm 정도 크기로 잘게 썰어 절구에 찧어줍니다.

5 2의 육수에 1, 3, 4를 넣고 센 불에서 끓기 시작하면 약불로 줄여 9분 정도 저어가며 끓여줍니다.

POINT

이유식 중기에는 서서히 먹는 양을 늘리기 위해 노력하고, 덩어리가 있는 고형식을 먹는 연습을 본격적으로 시작해요.

단호박사과퀴노아소고기죽

퀴노아는 곡류이지만 단백질이 풍부하고 영양소가 많아 슈퍼푸드로도 알려져 있어요.
부드럽게 잘 익는 편이지만 이유식으로 조리할 때는 쌀과 함께 30분 정도 불려주면
더욱 부드러워요.

재료

불린 쌀 15g
불린 퀴노아 5g
소고기 15g
사과 15g
단호박 15g
육수 300ml

1 불린 쌀과 퀴노아는 절구에 넣고 쌀알이 1/4등분이 되도록 여러 번 찧어줍니다.

2 냄비에 육수를 넣고 보글보글 끓어오르면 소고기와 사과를 넣고 5분 삶아줍니다.

3 단호박은 쪄서 껍질을 벗겨 노란 속살만 으깨어 준비합니다.

4 소고기와 사과를 건져내 3mm 정도 크기로 잘게 썰어 절구에 찧어줍니다.

5 2의 육수에 1, 3, 4를 넣고 센 불에서 끓기 시작하면 약불로 줄여 9분 정도 저어가며 끓여줍니다.

POINT

만약 불린 쌀을 이용하지 않고 지어 놓은 밥을 살짝 으깨어 이유식을 만든다면 밥을 지을 때 처음부터 퀴노아를 넣어도 좋아요. 퀴노아밥을 지어 이유식에도 사용하고 엄마 아빠도 함께 먹어요.

연두부양파김소고기죽

부드러운 연두부를 넣은 소고기죽이에요. 연두부는 담백한 맛이 일품이지요. 식감이 매우 부드러워 아기들의 이유식으로 참 좋은 식재료예요. 여기에 고소한 김가루가 들어가서 아기도 잘 먹는답니다.

재료

불린 쌀 15g
소고기 15g
연두부 20g
양파 5g
마른 김 1/16조각
육수 280ml

1 불린 쌀은 절구에 넣고 쌀알이 1/4등분이 되도록 여러 번 찧어 줍니다.

2 냄비에 육수를 넣고 보글보글 끓어오르면 소고기와 양파를 넣고 5분 삶아줍니다.

3 연두부는 끓는 물에 데쳐 체로 건져 준비합니다.

4 마른 김은 가루가 될 때까지 잘게 부숴줍니다.

5 소고기와 양파를 건져내 3mm 정도 크기로 잘게 썰어 절구에 찧어줍니다.

6 2의 육수에 1, 3, 4, 5를 넣고 센 불에서 끓기 시작하면 약불로 줄여 9분 정도 저어가며 끓여줍니다.

POINT

마른 김은 소금과 기름으로 조미가 되지 않은 생김을 마른 프라이팬에 앞뒤로 살짝 구운 것을 말해요. 김이 아기의 입천장이나 목에 들러붙지 않도록 봉지에 넣어 고운 가루가 될 때까지 손으로 비벼 부숴주세요.

위가 튼튼해지고 철분 흡수를 도와주는

양배추무양파소고기죽

비타민C와 식이섬유가 풍부한 양배추는 소고기의 철분 흡수를 도와주지요. 식이섬유가 풍부하기 때문에 장운동을 활발히 해요. 소고기와 양배추는 궁합이 좋답니다.

재료

불린 쌀 15g
소고기 15g
양배추 15g
무 5g
양파 5g
육수 280ml

1 불린 쌀은 절구에 넣고 쌀알이 1/4등분이 되도록 여러 번 찧어 줍니다.

2 냄비에 육수를 넣고 보글보글 끓어오르면 소고기와 무, 양파를 넣고 5분 삶아줍니다.

3 양배추는 따로 물에 삶아 데쳐 준비합니다.

4 소고기와 양배추, 무, 양파를 건져내 3mm 정도 크기로 잘게 썰어 절구에 찧어줍니다.

5 2의 육수에 1, 4를 넣고 센 불에서 끓기 시작하면 약불로 줄여 9분 정도 저어가며 끓여줍니다.

POINT

양배추는 잘라진 것보다 통째로 구입해요. 보관할 때는 가장 먼저 썩는 줄기부분은 손질하고 보관해요. 실온에 보관하면 쉽게 건조하고 색도 빨리 변해요. 냉장고에 오랫동안 두지 않고 이유식을 만들고 남은 양배추는 찜과 반찬, 김치 등 엄마 아빠를 위한 반찬을 만들어 빨리 소비합니다.

완두콩콜리플라워소고기죽

콜리플라워는 비타민C를 많이 함유하고 있어요. 식감도 브로콜리보다 부드럽고 색상도 하얀색이에요. 초기 이유식과 중기 이유식 때는 송이 부분만 사용하고 후기 이유식과 완료기 이유식 때는 송이 바로 밑줄기까지 사용해요. 굵은 밑동은 섬유질이 많고 질기기 때문에 이유식으로는 사용하지 않아요.

재료

불린 쌀 15g
소고기 15g
완두콩 15g
콜리플라워 15g
육수 280ml

1 불린 쌀은 절구에 넣고 쌀알이 1/4등분이 되도록 여러 번 찧어줍니다.

2 냄비에 육수를 넣고 보글보글 끓어오르면 소고기와 완두콩, 콜리플라워를 넣고 5분 삶아줍니다.

3 완두콩은 껍질을 벗겨 곱게 으깨줍니다.

4 소고기와 콜리플라워를 건져내 3mm 정도 크기로 잘게 썰어 절구에 찧어줍니다.

5 2의 육수에 1, 3, 4를 넣고 센 불에서 끓기 시작하면 약불로 줄여 9분 정도 저어가며 끓여줍니다.

POINT

철이 지나서 생완두콩을 구하기 어렵다면 제철일 때 생산한 냉동 완두콩도 좋은 대안이에요.
GMO가 아니고 유기농으로 생산한 제품으로 구입하면 더욱 좋아요.

배추김닭고기죽

배추는 하얀 줄기 부분을 잘라내고 노란색 잎 부분만 사용해요. 달콤하고 시원한 배추와 담백한 닭고기에 고소한 김을 넣어 맛있는 이유식이에요. 닭고기육수를 사용하면 더 잘 어울려요.

불린 쌀 15g
닭고기 15g
배추 10g
마른 김 1/16조각
육수 280ml

1 불린 쌀은 절구에 넣고 쌀알이
1/4등분이 되도록 여러 번 찧어
줍니다.

2 냄비에 육수를 넣고 보글보글
끓어오르면 닭고기와 배추를 넣
고 5분 삶아줍니다.

3 닭고기와 배추를 건져내 3mm
정도 크기로 잘게 썰어 절구에
찧어줍니다.

4 마른 김은 가루가 될 때까지 잘
게 부쉬줍니다.

5 2의 육수에 1, 3, 4를 넣고 센 불
에서 끓기 시작하면 약불로 줄여
9분 정도 저어가며 끓여줍니다.

POINT

중기 이유식부터는 육수를 잘 활용하면 더욱 맛있는 이유식을 만들 수 있어요. 닭고기가 들어
가는 이유식에 닭육수를 쓰면 더욱 깊고 감칠맛 나는 이유식을 만들 수 있답니다.

비타민과 단백질이 만나면?

시금치감자닭고기죽

비타민이 풍부한 감자와 단백질이 풍부한 닭고기로 만든 시금치감자닭고기죽이에요.
소화가 잘 되는 감자와 닭고기로 만들어 감기에 걸리거나 아이 컨디션이 좋지 않을
때 만들어주기 좋아요.

재료

불린 쌀 15g
닭고기 15g
시금치 5g
감자 10g
육수 280ml

1 불린 쌀은 절구에 넣고 쌀알이
1/4등분이 되도록 여러 번 찧어
줍니다.

2 냄비에 육수를 넣고 보글보글
끓어오르면 닭고기를 넣고 5분
삶아줍니다.

3 감자와 시금치는 끓는 물에 삶
아 준비합니다.

4 닭고기와 시금치, 감자를 건져
내 3mm 정도 크기로 잘게 썰어
절구에 찧어줍니다.

5 2의 육수에 1, 4를 넣고 센 불에
서 끓기 시작하면 약불로 줄여 9
분 정도 저어가며 끓여줍니다.

POINT

닭고기는 소고기보다 부드럽고 소화가 쉬워 아기가 감기에 걸리거나 컨디션이 좋지 않을 때
먹이면 좋아요. 아기가 감기에 걸렸을 때는 소화가 잘 되는 재료로 아기가 좋아하는 이유식을
만들어 주세요. 이유식 먹는 것을 힘들어 한다면 억지로 이유식을 먹이지 말고, 충분한 휴식과
수분섭취가 가능하게끔 도와줍니다.

색깔도 예쁘고 철분도 풍부한

비트양파닭고기죽

특유의 흙맛으로 빈혈과 변비 예방에 좋고, 선명한 진홍색이 특징인 비트를 넣어 닭고기 이유식을 만들었어요. 감칠맛이 도는 양파와 익으면 단단해지는 비트가 닭고기와 만나면 최상의 조합이 되지요.

재료

불린 쌀 15g
닭고기 15g
비트 3g
양파 10g
육수 280ml

1 불린 쌀은 절구에 넣고 쌀알이 1/4등분이 되도록 여러 번 찧어 줍니다.

2 냄비에 육수를 넣고 보글보글 끓어오르면 닭고기와 양파를 넣고 5분 삶아줍니다.

3 닭고기와 양파를 건져내 3mm 정도 크기로 잘게 썰어 절구에 찧어줍니다.

4 비트는 끓는 물에 삶아 강판에 갈아줍니다.

5 2의 육수에 1, 3, 4를 넣고 센 불에서 끓기 시작하면 약불로 줄여 9분 정도 저어가며 끓어줍니다.

POINT

비트는 아기에게 중요한 철분이 풍부한 식품이에요. 그 외에도 엽산과 칼륨, 식이섬유, 항산화 물질이 풍부해요. 붉은 빛깔이 예쁘기도 하지만 특유의 흙맛이 있어 너무 많이 사용하면 아기들이 좋아하지 않아요. 소량만 사용했어요.

무기질과 칼슘이 풍부한 바다의 채소

양배추미역닭고기죽

건미역은 살짝 불려 흐르는 물에 깨끗하게 헹군 후 두 손으로 여러 차례 비벼 씻어
준비해요. 미역은 소고기와도 잘 어울리지만 닭고기와 만나면 피부와 머리카락을 윤
택하게 한다고 해요.

재료

불린 쌀 15g
닭고기 15g
불린 미역 5g
양배추 10g
육수 280ml

1 불린 쌀은 절구에 넣고 쌀알이 1/4등분이 되도록 여러 번 찧어 줍니다.

2 냄비에 육수를 넣고 보글보글 끓어오르면 닭고기와 미역을 넣고 5분 삶아줍니다.

3 양배추는 따로 물에 삶아 준비합니다.

4 닭고기와 양배추를 건져내 3mm 정도 크기로 잘게 썰어 절구에 찧어줍니다.

5 미역은 아주 잘게 다져줍니다.

6 2의 육수에 1, 4, 5를 넣고 센 불에서 끓기 시작하면 약불로 줄여 9분 정도 저어가며 끓여줍니다.

POINT

미역을 넣어 중기 이유식을 조리할 때는 미역이 아기의 입천장에 달라붙거나 목에 달라붙지 않도록 아주 잘게 다져줍니다.

변이 무를 때 먹기 좋은

팽이버섯차조닭고기죽

차조는 찹쌀과 마찬가지로 아기의 변이 무를 때 사용하기 좋은 재료예요. 팽이버섯은
쉽게 구할 수 있고, 맛과 영양이 좋아 다양한 요리에 응용되지요. 맛이 순해 아기 이
유식에 좋은 식재료예요.

재료

불린 쌀 15g
닭고기 15g
팽이버섯 10g
차조 5g
육수 280ml

1 불린 쌀은 절구에 넣고 쌀알이
1/4등분이 되도록 여러 번 찧어
줍니다.

2 차조는 끓는 물에 20분 삶아줍
니다.

3 냄비에 육수를 넣고 보글보글
끓어오르면 닭고기와 팽이버섯
을 5분 삶아줍니다.

4 닭고기와 팽이버섯을 건져내
3mm 정도 크기로 잘게 썰어줍
니다.

5 3의 육수에 1, 2, 4를 넣고 센 불
에서 끓기 시작하면 약불로 줄여
9분 정도 저어가며 끓여줍니다.

POINT

아기의 변이 무를 때 찹쌀, 차조, 감자, 단호박, 익힌 사과, 익힌 당근, 바나나, 완두콩, 소고기를
사용해서 이유식을 만들면 도움이 돼요.

사과양파애호박닭고기죽

사과와 양파, 애호박은 전부 껍질을 벗기고 부드러운 속살을 사용해요. 사과의 상큼한 향과 달콤한 맛이 양파, 애호박과 만나 더욱 깊은 맛을 냅니다.

재료

불린 쌀 15g
닭고기 15g
사과 15g
애호박 15g
양파 10g
육수 280ml

1 불린 쌀은 절구에 넣고 쌀알이 1/4등분이 되도록 여러 번 찧어줍니다.

2 냄비에 육수를 넣고 보글보글 끓어오르면 닭고기와 사과, 애호박, 양파를 넣고 5분 삶아줍니다.

3 닭고기와 사과, 애호박, 양파를 건져내 3mm 정도 크기로 잘게 썰어줍니다.

4 2의 육수에 1, 3을 넣고 센 불에서 끓기 시작하면 약불로 줄여 9분 정도 저어가며 끓여줍니다.

POINT

아기가 잘 먹는다면 이제 절구에 재료를 찧지 않고 3mm 크기로 잘게 썰어 그대로 이유식을 만들어요. 점차 덩어리가 있는 고형식에 익숙해질 수 있도록 해주세요.

철분이 가득한 노른자가 쏘옥!

당근노른자표고닭고기죽

고소한 노른자를 조금씩 넣어가며 달걀을 시도해보아요. 선명한 주황 빛깔로 다양한
요리에 사용되는 당근을 넣으면 맛도 달콤하고 냄새도 향긋해 달걀의 비린 맛도 없애
주어요.

재료

불린 쌀 15g
닭고기 15g
달걀노른자 1/4개
생표고 5g
당근 10g
육수 280ml

1 불린 쌀은 절구에 넣고 쌀알이 1/4등분이 되도록 여러 번 찧어 줍니다.

2 냄비에 육수를 넣고 보글보글 끓어오르면 닭고기와 표고버섯, 당근을 넣고 5분 삶아줍니다.

3 달걀은 삶아서 노른자만 곱게 으깨 놓아줍니다.

4 닭고기와 표고버섯, 당근을 건져내 3mm 정도 크기로 잘게 썰어줍니다.

5 2의 육수에 1, 3, 4를 넣고 센 불에서 끓기 시작하면 약불로 줄여 9분 정도 저어가며 끓여줍니다.

POINT

달걀노른자에도 철분이 많이 함유되어 있기는 하지만 소고기에 있는 철분이 아기 몸에 흡수가 더 잘 된다고 해요. 노른자보다는 소고기를 통해 철분을 보충하는 것이 좋아요. 소고기가 들어 간 메뉴를 더 자주 만들어 주세요.

단호박브로콜리무닭고기죽

여름보다 겨울철에 맛이 좋아지는 무를 사용해 이유식을 만들었어요. 쪄서 먹어도 달
콤하고 끓여서 죽으로 만들어도 맛있는 단호박을 같이 넣어 아기가 참 좋아하지요.

재료

불린 쌀 15g
닭고기 15g
단호박 20g
브로콜리 10g
무 5g
육수 280ml

1 불린 쌀은 절구에 넣고 쌀알이
1/4등분이 되도록 여러 번 찧어
줍니다.

2 냄비에 육수를 넣고 보글보글
끓어오르면 닭고기와 브로콜리
와 무를 넣고 5분 삶아줍니다.

3 단호박은 찜기에 쪄서 노란 속
살만 곱게 으깨 놓아줍니다.

4 닭고기와 브로콜리, 무를 건져
내 3mm 정도 크기로 잘게 썰어
줍니다.

5 2의 육수에 1, 3, 4를 넣고 센 불
에서 끓기 시작하면 약불로 줄여
9분 정도 저어가며 끓여줍니다.

POINT

식단표를 짤 때 제철 재료들을 좀 더 적극적으로 사용해보세요. 맛도 영양도 가장 좋을 때 수
확한 채소들로 만들어 아기에게도 더 좋겠죠? 제철일 때 구입하면 가격도 더 저렴하답니다.

시금치고구마닭고기죽

뼈 튼튼 칼슘이 풍부한 시금치와 비타민A, 식이섬유가 풍부한 달콤한 고구마를 사용
해 만든 건강 이유식이에요.

재료

불린 쌀 15g
닭고기 15g
고구마 20g
시금치 5g
육수 280ml

1 불린 쌀은 절구에 넣고 쌀알이 1/4등분이 되도록 여러 번 찧어줍니다.

2 냄비에 육수를 넣고 보글보글 끓어오르면 닭고기와 시금치, 고구마를 넣고 5분 삶아줍니다.

3 닭고기와 시금치, 고구마를 건져내 3mm 정도 크기로 잘게 썰어줍니다.

4 2의 육수에 1, 3을 넣고 센 불에서 끓기 시작하면 약불로 줄여 9분 정도 저어가며 끓여줍니다.

POINT

시금치의 줄기는 제거하고 초록색 잎부분만 사용해요. 당근이나 시금치, 무, 배추, 비트 등 채소는 냉장 보관을 오래하면 빈혈을 유발할 수 있으니 구입하고 바로 사용하는 것이 좋아요.

두부청경채연근닭고기죽

중기 이유식부터는 두부를 사용할 수 있어요. 청경채는 줄기를 제거하고 초록색 잎
부분만 사용하고, 연근은 껍질을 벗겨 미리 끓는 물로 한 번 삶은 뒤 준비해요.

불린 쌀 15g
닭고기 15g
두부 20g
연근 5g
청경채 5g
육수 280ml

1 불린 쌀은 절구에 넣고 쌀알이
  1/4등분이 되도록 여러 번 찧어
  줍니다.

2 냄비에 육수를 넣고 보글보글
  끓어오르면 닭고기와 연근, 청경
  채를 넣고 5분 삶아줍니다.

3 두부는 끓는 물에 데쳐 으깨서
  준비합니다.

4 닭고기와 연근, 청경채를 건져
  내 3mm 정도 크기로 잘게 썰어
  줍니다.

5 2의 육수에 1, 3, 4를 넣고 센 불
  에서 끓기 시작하면 약불로 줄여
  9분 정도 저어가며 끓여줍니다.

POINT

시중에 판매하는 두부에는 소포제, 응고제 등 첨가물이 들어가요. 두부를 사용할 때는 손가락
크기로 작게 잘라서 끓는 물에 한 번 데친 뒤 사용해요.

바나나양송이양파닭고기죽

달콤한 바나나를 넣어 만든 이유식이에요. 양파의 감칠맛과 바나나의 달콤한 맛이 어울어져 아기가 좋아해요. 영양종합세트라 할 수 있는 양송이버섯이 들어가 맛과 영양, 두 마리 토끼를 다 잡는 이유식이지요.

재료

불린 쌀 15g
닭고기 15g
바나나 10g
양송이버섯 10g
양파 5g
육수 280ml

1 불린 쌀은 절구에 넣고 쌀알이
1/4등분이 되도록 여러 번 찧어
줍니다.

2 냄비에 육수를 넣고 보글보글
끓어오르면 닭고기와 양송이버
섯, 양파를 넣고 5분 삶아줍니다.

3 바나나는 껍질을 벗겨 으깨서
준비합니다.

4 닭고기와 양송이버섯, 양파를
건져내 3mm 정도 크기로 잘게
썰어줍니다.

5 2의 육수에 1, 3, 4를 넣고 센 불
에서 끓기 시작하면 약불로 줄여
9분 정도 저어가며 끓여줍니다.

POINT

바나나는 수입해오는 과정에서 꼭지 부분에 보존제가 많이 묻어 온다고 해요. 깨끗하게 씻어
끝부분은 칼로 잘라내고 가운데 부분만 사용합니다. 가능하면 유기농 바나나를 사용하는 것이
좋아요.

특별한 간식 주세요!

초기 이유식에서 체에 곱게 내린 퓨레를 간식으로 먹었다면 중기 이유식에서는 으깬 상태 그대로 고형식 질감을 점차 살려줘요.

익히지 않은 재료 그대로

아보카도바나나샐러드

익히지 않고도 먹일 수 있는
재료인 바나나와 아보카도. 부
드러운 아보카도에 달콤한 바
나나를 넣은 간식이에요. 아보
카도와 바나나는 둘 다 잘 익
은 것으로 골라야 해요. 아보
카도는 겉이 검붉게 익어 살짝
눌러보았을 때 부드러운 것을
사용하고, 바나나는 검은 점인
슈가스팟이 고루 생긴 것을 사
용해요.

재료

잘 익은 아보카도 30g
잘 익은 바나나 30g

1 껍질과 씨를 제거한 아보카
도는 곱게 으깨줍니다.

2 껍질을 벗긴 바나나는 곱게
으깨줍니다.

3 1과 2를 잘 섞어줍니다.

달콤과 상큼을 동시에

고구마사과샐러드

서로 궁합이 잘 맞는 고구마와
사과를 이용해 만든 달콤한 간
식이에요. 사과의 펙틴 성분이
고구마 때문에 장 내에 가스가
많이 차는 걸 줄여줘요.

재료

고구마 50g
사과 20g

1 고구마는 쪄서 껍질을 벗겨 곱게
으깨줍니다.

2 껍질과 씨를 제거한 사과는 익혀
서 곱게 다져 1과 잘 섞어줍니다.

초록색 건강 스무디

시금치바나나스무디

평소 아기가 잘 먹지 않는 채
소가 있다면 달콤한 바나나에
섞어 스무디를 만들어 주세요.

재료

시금치잎 5g
바나나 50g
물 100ml

1 시금치는 끓는 물에 데쳐 준비합
니다.

2 데친 시금치, 바나나, 물을 넣고
믹서기로 갈아줍니다.

변비는 괴로워

고구마건자두샐러드

고구마건자두샐러드는 변비가
있을 때 좋은 간식이에요.

재료

고구마 50g
건자두 10g

1 고구마는 쪄서 껍질을 벗겨 곱게
　으깨줍니다.

2 건자두는 3mm 크기로 잘게 썰어
　1과 잘 섞어줍니다.

4 [후기 이유식]

쌀알 그대로 진밥을 만들어요
본격적으로 씹는 연습을 해요

후기에 들어서면 이유식의 재료나 형태가 다양해져요. 먹을 수 있는 식재료도 많아지고, 진밥에서 핑거푸드 간식까지 새로운 형태의 음식들도 경험해요. 소고기와 닭고기 외에도 달걀, 생선, 새우, 치즈 등 다양한 재료에서 단백질을 얻어요. 먹을수 있는 채소와 과일도 다양해진답니다. 아기 스스로 손으로 집어 입에 넣는 즐거움을 알아가는 시기이기도 해요. 핑거푸드도 간식으로 자주 준비해주어요.

덥석덥석 잘 먹는 우리 아기를 위한
[후기 이유식]은 이렇게 해요

시기: 10~12개월

먹는 양: 한 끼에 120ml 정도

먹는 횟수: 하루 3회, 간식 2회

농도: 쌀알 입자를 살려 진밥으로

첫 달에는 밥이 퍼지도록 끓인 뒤 3분 더 끓이기(5배죽 진밥)

두번 째 달에는 밥알 그대로 3분 더 끓이기

모유와 분유: 하루 500~600ml

혼자 먹는 연습도 필요해요.
집안이 온통 난리가 나더라도 기다려주세요.

엄마 아빠가 사랑과 정성으로 만들어준 이유식을
이렇게 잘 먹는다면 너할 나위 없이 기뻐요.

쌀알이 그대로 쏙쏙

두부버섯청경채소고기진밥

중기 이유식에서 불린 쌀을 찧어 죽을 만들었다면 후기 이유식부터는 쌀알 형태 그대로 살아 있는 진밥을 먹어요. 본격적으로 씹는 연습이 시작돼요. 고소한 두부와 팽이버섯, 청경채를 넣어 단백질과 비타민을 고루 섭취할 수 있는 이유식이에요. 중기 이유식과 마찬가지로 후기 이유식에서도 다양한 육수를 사용해요.

재료

(지은) 밥 50g
소고기 20g
두부 20g
팽이버섯 10g
청경채 10g
육수 150ml

1 두부는 끓는 물에 한 번 데쳐 으 깨줍니다.

2 육수에 소고기, 팽이버섯, 청경채 를 넣고 4~5분 중불로 삶아줍니다.

※재료를 삶은 뒤 육수는 버리지 않고 진 밥을 만들 때 사용해요.

3 소고기, 팽이비섯, 청경채를 건져 내 5mm 크기로 잘게 썰어줍니다.

※재료의 입자가 중기 때 3mm에서 후기 에는5mm로 커집니다.

4 2의 육수에 밥과 1, 3을 넣고 약불 에서 저어가며 3분 더 끓여줍니다.

POINT

후기 이유식부터는 쌀알을 부수지 않고 그대로 사용하기 때문에 불린 쌀을 이용해 만드는 것 보다 지어 놓은 밥을 이용해 만드는 것이 훨씬 쉽고 편해요. 지어 놓은 밥은 엄마 아빠도 먹을 수 있으니 일이 하나 줄어들겠죠?

단호박청경채소고기진밥

후기 이유식으로 넘어오면 하루 3회 이유식을 먹어요. 평균적으로 3회 중 2회 정도는
소고기가 들어간 이유식을 챙겨주세요. 성장에 필요한 단백질과 철분, 아연, 비타민
B가 풍부한 고기로는 소고기, 양고기, 칠면조 등이 있는데 우리나라에서는 소고기가
가장 구하기 쉬우므로 소고기를 자주 먹여요.

재료

밥 50g
소고기 20g
단호박 30g
청경채 5g
육수 150ml

1 단호박은 쪄서 껍질을 벗겨 으깨
  줍니다.

2 육수에 소고기, 청경채를 넣고 삶
  아줍니다.

3 소고기, 청경채를 건져내 5mm
  크기로 잘게 썰어줍니다.

4 2의 육수에 밥과 1, 3을 넣고 약불
  에서 저어가며 3분 더 끓여줍니다.

POINT

후기 이유식 첫 달에는 고기와 채소 입자를 3mm 정도 크기로 썰어주세요. 두 번째 달로 넘어
가면서 채소 입자를 5mm까지 조금씩 키워나갑니다. 고기는 아기가 힘들어하면 천천히 키워나
가도 괜찮아요. 이제 어느 정도는 덩어리로 씹힐 정도로 입자가 살아있어야 해요. 치아가 아직
다 나지 않았어도 잇몸을 이용해서 부드러운 음식을 으깨며 먹을 수 있어요.

브로콜리무들깨소고기진밥

오메가뿐 아니라 비타민A, C가 풍부하고 고소한 맛을 내는 들깨를 넣어 만든 이유식
이에요. 들기름의 원료가 되는 들깻가루는 한결 더 고소하고 부드러워요. 영양도 우
수해 건강에 좋아요.

재료

밥 50g
소고기 20g
브로콜리 15g
무 15g
들깻가루 1/4t
육수 150ml

1 육수에 소고기, 브로콜리, 무를 넣고 삶아줍니다.

2 소고기, 브로콜리, 무를 건져내 5mm 크기로 잘게 썰어줍니다.

3 1의 육수에 밥과 2와 들깻가루를 넣고 약불에서 저어가며 3분 더 끓여줍니다.

POINT

아기가 들깨의 거칠거칠한 식감을 싫어할 수 있어요. 그럴 땐 껍질을 벗긴 거피 들깻가루를 구입해서 사용해요.

껍질째 넣어 더욱 향긋한

애호박양파소고기진밥

달큰한 맛을 내는 애호박을 사용한 이유식이에요. 후기 이유식부터는 애호박 껍질을
사용해도 괜찮아요. 애호박은 더위를 이기는 대표적인 채소라고 해요. 가격도 저렴하
고 맛과 향도 좋지요.

재료

밥 50g
소고기 20g
애호박 20g
양파 10g
육수 150ml

1 육수에 소고기, 애호박, 양파를
   넣고 삶아줍니다.

2 소고기, 애호박, 양파를 건져내
   5mm 크기로 잘게 썰어줍니다.

3 1의 육수에 밥과 2를 넣고 약불에
   서 저어가며 3분 더 끓여줍니다.

POINT

애호박은 껍질에 상처가 없고 꼭지가 싱싱한 것으로 골라서 구입해요. 잘랐을 때 씨가 너무 크
거나 누렇게 들뜬 것은 오래된 것이에요. 또 손으로 눌렀을 때 탄력이 없는 것은 바람든 것이
라고 해요.

가지기장소고기진밥

기장은 아주 작고 노란 알갱이의 곡식이에요. 작아서 아기가 먹고 소화시키기에 부담이 크지 않아요. 차가운 성질의 기장은 엽산, 철분, 단백질과 폴리페놀도 풍부하게 함유하고 있어요. 보랏빛 가지는 식이섬유가 풍부하고 안토시아닌을 함유하고 있어 눈 건강에 도움이 된다고 해요.

재료

기장밥 60g
소고기 20g
가지 20g
육수 150ml

1 육수에 소고기, 가지를 넣고 삶아
  줍니다.

2 소고기, 가지를 건져내 5mm 크
  기로 잘게 썰어줍니다.

3 1의 육수에 기장밥과 2를 넣고
  약불에서 저어가며 3분 더 끓여줍
  니다.

POINT

기장이나 조, 퀴노아, 아마란스 같은 작은 곡물들을 사용해보세요. 따로 손질할 필요 없이 밥을
지을 때 넣어 만들면 편해요. 아기에게 다양한 곡물을 소개해보세요.

양송이당근소고기진밥

후기 이유식 시기에 아기가 스스로 숟가락질을 시도하진 않나요? 주위를 조금 어지럽혀도 아기에게 턱받이를 해주고 숟가락을 쥐어 주세요. 스스로 하는 법을 익혀나가려는 아기를 격려해주세요.

재료

밥 50g
소고기 20g
당근 10g
양송이버섯 15g
육수 150ml

1 육수에 소고기, 당근, 양송이버섯
을 넣고 삶아줍니다.

2 소고기, 당근, 양송이버섯을 건져
내 5mm 크기로 잘게 썰어줍니다.

3 1의 육수에 밥과 2를 넣고 약불에
서 저어가며 3분 더 끓여줍니다.

POINT

식사할 때 아기가 집안을 돌아다니지 않고 의자에 앉아서 식사하는 습관을 길러주세요. 아기가
의자에서 떨어지지 않도록 벨트가 있는 의자에 앉혀줍니다.

양질의 지방도 필수!

아보카도배추소고기진밥

다양한 영양소와 함께 양질의 지방을 함유하고 있는 아보카도는 비타민과 미네랄도 많은 건강 과일이에요. 지방에 대한 거부감이 있더라도 식판에서 배제하지 마세요. 양질의 지방은 아기의 성장에 아주 중요한 영양소예요.

재료

밥 50g
소고기 20g
아보카도 20g
배추 15g
육수 150ml

1 잘 익은 아보카도는 껍질을 벗기고 씨를 제거해 으깨줍니다.

2 육수에 소고기, 배추를 넣고 삶아 줍니다.

※배추의 겉잎은 거칠기 때문에 연한 속잎을 사용해요.

3 소고기, 배추를 건져내 5mm 크기로 잘게 썰어줍니다.

4 2의 육수에 밥과 1, 3을 넣고 약불에서 저어가며 3분 더 끓여줍니다.

POINT

지방은 탄수화물, 단백질과 함께 3대 영양소예요. 모유나 분유에도 양질의 지방이 많이 들어있어요. 이유식만으로는 아기가 필요한 지방을 다 섭취하기 어려워요. 돌까지는 이유식과 함께 꼭 모유나 분유를 먹여 주세요. 후기 이유식 시기에 아기가 하루에 먹는 모유나 분유의 양은 500~600ml 정도예요.

시금치콜리플라워소고기진밥

부드러운 콜리플라워를 넣어 만든 이유식이에요. 비타민C와 식이섬유가 풍부한 콜리플라워는 떫은 맛이 강한 편이기 때문에 이유식이 아니어도 반드시 데쳐서 준비해요.

166

재료

밥 50g
소고기 20g
시금치 10g
콜리플라워 15g
육수 150ml

1 육수에 소고기, 시금치, 콜리플라워를 넣고 삶아줍니다.

2 소고기, 시금치, 콜리플라워를 건져내 5mm 크기로 잘게 썰어줍니다.

3 1의 육수에 밥과 2를 넣고 약불에서 저어가며 3분 더 끓여줍니다.

POINT

후기 이유식부터는 콜리플라워도 송이 바로 밑 부드러운 줄기는 사용해도 괜찮아요. 콜리플라워는 전체적으로 둥글고 균일하게 순백색이면서 얼룩이 없고 송이가 촘촘한 것으로 골라요.

배양파시금치소고기진밥

배와 양파에서 우러난 자연스럽고 은은한 단맛이 풍기는 이유식이에요. 상큼한 배 향
과 달콤한 맛 때문인지 아기가 좋아해요.

재료

밥 50g
소고기 20g
배 20g
양파 5g
시금치 10g
육수 150ml

1 육수에 소고기, 배, 양파, 시금치를 넣고 삶아줍니다.

2 소고기, 배, 양파, 시금치를 건져 내 5mm 크기로 잘게 썰어줍니다.

3 1의 육수에 밥과 2를 넣고 약불에서 저어가며 3분 더 끓여줍니다.

POINT

시금치 대신 잎채소인 비타민을 넣어도 좋아요. 아기에게 초록색 잎채소를 소량씩 자주 먹여 주세요. 초록색 잎채소에는 비타민, 엽산, 철분, 마그네슘, 인 등의 무기질이 풍부해서 아기의 성장에 도움을 준답니다.

흑임자오이소고기진밥

흑임자는 검은깨를 말해요. 흑임자에는 칼슘과 인, 레시틴, 토코페롤 등 좋은 영양소가 많이 들어있어요. 아기 성장에 도움이 되는 이유식으로 고소한 맛이 일품이에요.

재료

밥 50g
소고기 20g
오이 15g
흑임자 1/2t
육수 150ml

1 흑임자는 마른 팬에 살짝 볶아 절
 구로 한두 번 찧어줍니다.

2 육수에 소고기, 오이를 넣고 삶아
 줍니다.

3 소고기, 오이를 건져내 5mm 크
 기로 잘게 썰어줍니다.

4 2의 육수에 밥과 1, 3을 넣고 약불
 에서 저어가며 3분 더 끓여줍니다.

POINT

후기 이유식 시기부터는 소량의 깨를 사용하는 것이 가능해요. 흡수가 잘 되도록 살짝 빻아서
사용해요. 깨도 견과류와 마찬가지로 많이 사용하지 않아요. 조금씩 시도해보면서 알레르기 체
크를 해주세요.

낯선 향에 익숙해지는 연습도 필요해요

파프리카감자소고기진밥

파프리카는 비타민C가 풍부하고 소고기의 철분 흡수를 도와주는 채소예요. 향이 강해 싫어할 수 있으니 소량만 사용해요. 파프리카와 감자는 둘 다 소고기와 궁합이 좋은 재료랍니다.

재료

밥 50g
소고기 20g
감자 20g
파프리카 10g
육수 150ml

1 육수에 소고기, 감자, 파프리카를
넣고 삶아줍니다.

2 소고기, 감자, 파프리카를 건져내
5mm 크기로 잘게 썰어줍니다.

3 1의 육수에 밥과 2를 넣고 약불에
서 저어가며 3분 더 끓여줍니다.

POINT

파프리카는 고추처럼 맵지는 않지만 간혹 파프리카에도 피부 발진을 보이는 아기들이 있어요.
그래서 레시피에서는 다른 채소에 비해 소량만 사용했어요. 처음엔 더 조금만 넣어 아기의 입
맛에 잘 맞는지, 몸에 이상반응이 없는지 잘 확인해보고 차츰 양을 늘려 사용하는 것이 좋아
요. 토마토와 가지도 민감하게 반응하는 경우가 있으니 참고해요. 파프리카, 토마토, 가지 등에
반응을 보이는 경우 돌 이후 다시 시도해봅니다.

붉은 빛깔로 물든
비트감자김소고기진밥

철분도 풍부하고 붉은 빛깔도 예쁜 비트를 사용해서 만든 이유식이에요. 김의 고소한
맛이 비트의 흙맛을 좀 가려줄 거예요.

재료

밥 50g
소고기 20g
비트 4g
감자 20g
마른 김 1/16조각
육수 150ml

1 비트는 껍질을 벗겨 강판에 갈아 준비합니다.

2 마른 김은 봉지에 넣어 가루가 될 때까지 부숴줍니다.

3 육수에 소고기, 감자를 넣고 삶아줍니다.

4 소고기, 감자를 건져내 5mm 크기로 잘게 썰어줍니다.

5 3의 육수에 밥과 1, 2, 4를 넣고 약불에서 저어가며 3분 더 끓여줍니다.

POINT

비트도 시금치, 당근이나 배추 등과 마찬가지로 냉장 보관을 오래하면 좋지 않아요. 아기의 빈혈을 유발할 수 있으니 구입하고 바로 사용해요. 남은 채소는 소량만 손질해서 냉동 보관 해두고 나머지는 어른 식단에 활용해요.

175

콩나물팽이버섯닭고기진밥

비타민 C와 아스파라긴산이 풍부한 콩나물을 넣은 이유식이에요. 콩나물에 풍부하게 포함된 양질의 섬유소는 변비 예방을 돕고 장을 건강하게 만들어요.

176

재료

밥 50g
닭고기 20g
콩나물 10g
팽이버섯 10g
육수 150ml

1 콩나물은 뿌리와 머리를 떼어 준비합니다.

2 육수에 닭고기, 콩나물, 팽이버섯을 넣고 삶아줍니다.

3 닭고기, 콩나물, 팽이버섯을 건져내 5mm 크기로 잘게 썰어줍니다.

4 2의 육수에 밥과 3을 넣고 약불에서 저어가며 3분 더 끓여줍니다.

POINT

콩나물의 머리와 뿌리에 영양소가 많기는 하지만 아기가 먹기에는 질기기 때문에 후기 이유식에서는 머리와 뿌리를 손질해서 사용했어요. 콩나물은 빛을 차단하기 위해 검은 봉지에 담아 냉장 보관하고 하루 이틀 내에 빨리 사용해요.

177

양파대추당근닭고기진밥

자연적인 단맛을 내는 대추를 넣어 영양밥 맛이 나는 이유식을 만들었어요. 알싸한
맛을 가진 양파는 익히면 단맛이 나서 아기의 이유식에 적합한 식재료예요. 양파대추
당근닭고기진밥은 닭죽의 또 다른 버전이라 할 수 있어요.

밥 50g
닭고기 20g
양파 10g
당근 15g
대추 10g
육수 150ml

1 씨를 제거한 대추는 쪄서 체에 내려 준비합니다.

2 육수에 닭고기, 양파, 당근을 넣고 삶아줍니다.

3 닭고기, 양파, 당근을 건져내 5mm 크기로 잘게 썰어줍니다.

4 2의 육수에 밥과 1, 3을 넣고 약불에서 저어가며 3분 더 끓어줍니다.

POINT

대추는 체에 내리는 과정에서 껍질의 양만큼 손실되기 때문에 조금 넉넉하게 준비했어요.

179

밥속에 뿌리채소가 한 가득

연근고구마닭고기진밥

철분이 풍부해 빈혈 예방에 좋은 연근을 넣어 만든 이유식이에요. 식감이 아삭한 연
근은 지혈작용도 있고, 소염작용, 설사, 구토에도 좋다고 해요. 감기나 기침, 천식에
도 효과가 있다고 하니 귀한 식재료지요.

재료

밥 50g
닭고기 20g
연근 10g
고구마 20g
육수 150ml

1 고구마와 연근은 껍질을 벗겨 준비합니다.

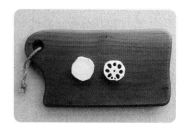

2 육수에 닭고기, 연근, 고구마를 넣고 삶아줍니다.

3 닭고기, 연근, 고구마를 건져내 5mm 크기로 잘게 썰어줍니다.

4 2의 육수에 밥과 3을 넣고 약불에서 저어가며 3분 더 끓여줍니다.

POINT

쑥쑥 열심히 자라고 있는 우리 아기. 매일매일 고기가 들어간 이유식을 챙겨주세요. 중기에는 육류가 적어도 한 끼에 10g씩, 후기에는 15g씩 섭취되어야 해요. 아기가 남기거나 조리 중 손실되는 양을 생각하며 책에서는 5g씩 더 여유를 두고 만들었어요.

생표고의 향긋함이 가득해요

완두콩표고양파닭고기진밥

완두콩은 유전자 조작을 하지 않은 냉동 유기농 완두콩 제품을 사놓으면 편해요. 마트의 냉동 코너에서 구입할 수 있어요. 식감도 말린 완두콩을 불려서 사용하는 것보다 훨씬 부드러워요.

재료

밥 50g
닭고기 20g
완두콩 10g
생표고버섯 10g
양파 5g
육수 150ml

1 완두콩은 끓는 물에 30분 익혀 껍질을 벗겨 잘게 썰어줍니다.

2 육수에 닭고기, 표고버섯, 양파를 넣고 삶아줍니다.

3 닭고기, 표고버섯, 양파를 건져내 5mm 크기로 잘게 썰어줍니다.

4 2의 육수에 밥과 1, 3을 넣고 약불에서 저어가며 3분 더 끓여줍니다.

POINT

직접 먹여보니 아기가 소고기보다 닭고기를 더 쉽게 씹어 먹었어요. 아무래도 닭고기가 소고기보다 부드러운 편이니까요. 아기가 씹어 넘기는 연습을 하는 게 이유식에서 중요한 과정이기는 하지만 아기가 너무 힘들어하면 약간의 융통성을 발휘하는 것도 좋아요. 식사시간이 엄마의 고집으로 서로 기싸움하는 시간이 아니라 서로에게 즐거운 시간이 되어야 하니까요. 소고기가 질겨서 잘 씹지 못한다면 살짝 입자의 크기를 줄여도 보고, 반대로 닭고기는 부드러워 잘 씹어 삼킨다면 입자를 조금 더 키워보아도 좋아요.

애호박브로콜리닭고기진밥

부드러운 닭다리살과 감칠맛나는 닭육수를 이용해 만든 이유식이에요. 애호박은 풍부한 섬유소와 비타민, 미네랄을 함유한 좋은 식재료예요. 브로콜리 역시 저칼로리, 저지방 식품으로 부족한 지방은 닭다리살로 채워주면 되지요.

재료

밥 50g
닭고기(닭다리살) 20g
애호박 20g
브로콜리 10g
닭고기육수 150ml

1 육수에 닭고기, 애호박, 브로콜리를 넣고 삶아줍니다.

2 닭고기, 애호박, 브로콜리를 건져내 5mm 크기로 잘게 썰어줍니다.

3 1의 육수에 밥과 2를 넣고 약불에서 저어가며 3분 더 끓여줍니다.

POINT

후기 이유식에서는 닭가슴살, 닭안심뿐 아니라 닭다리살도 한 번 사용해보세요. 닭다리살을 사용할 때는 껍질을 꼼꼼하게 벗겨 살코기 부분만 사용해요. 닭다리를 이용해 육수를 내어 국물은 닭육수로, 닭다리는 닭고기로 이유식에 이용하면 좋아요.

비트버섯들깨닭고기진밥

빨간 무라고도 하는 비트는 식감도 아삭하고 영양소도 풍부하지만 살짝 흙냄새가 나기 때문에 간혹 싫어하는 아가들이 있어요. 향이 좋은 들깻가루를 넣어 고소한 맛과 향으로 흙냄새를 감추면 아기가 좋아하는 이유식이 되지요.

재료

밥 50g
닭고기 20g
양송이버섯 15g
비트 5g
들깻가루 1/4t
육수 150ml

1 껍질을 벗긴 비트는 강판에 갈아
   준비합니다.

2 육수에 닭고기, 양송이버섯을 넣
   고 삶아줍니다.

3 닭고기, 양송이버섯을 건져내
   5mm 크기로 잘게 썰어줍니다.

4 2의 육수에 밥과 1, 3과 들깻가루
   를 넣고 약불에서 저어가며 3분 더
   끓여줍니다.

POINT

비트는 냉장고에 오래 보관하면 아기에게 빈혈을 일으킬 수 있어 좋지 않아요. 잘게 썰거나 강
판에 갈아서 실리콘 얼음틀에 넣고 냉동 보관하면 필요할 때 한 알씩 쏙쏙 꺼내쓰기 좋아요.
냉동실에 넣어도 오래 보관해두고 사용하지 않아요. 아기가 양송이버섯의 향을 좋아하지 않는
다면 팽이버섯, 느타리버섯, 표고버섯 등 다양한 버섯으로 대체해도 좋아요.

오이고구마닭고기진밥

고구마와 닭고기를 사용해 부드럽고 달콤한 이유식이에요. 오이의 상큼함이 더해져 밋밋한 맛을 올려주지요. 오이를 살짝 데치면 아삭한 식감이 더해지고 향도 줄어들어 아기가 잘 먹어요.

재료

밥 50g
닭고기 20g
고구마 20g
백오이 10g
육수 150ml

※오이는 껍질째 사용해요.

1 육수에 닭고기, 고구마, 오이를 넣고 삶아줍니다.

2 닭고기, 고구마, 오이를 건져내 5mm 크기로 잘게 썰어줍니다.

3 1의 육수에 밥과 2를 넣고 약불에서 저어가며 3분 더 끓여줍니다.

POINT

오이는 꼭지나 아래 부분보다 부드러운 몸통 부분을 사용해요. 후기 이유식에서는 백오이 껍질까지 함께 조리해도 괜찮아요. 오이를 껍질까지 사용할 때는 굵은소금으로 껍질을 박박 문질러서 닦아주고 흐르는 물에 충분히 씻어주세요.

189

향이 강한 채소들과 친해지기

우엉양파배추닭고기진밥

씹는 맛이 매력인 우엉은 섬유소질이 풍부해 배변 활동을 원활하게 해주어요. 향이
강한 편이라 처음에는 조금만 넣어 이유식을 만들어 시도해보아요. 단단하기 때문에
충분히 삶아서 익힌 뒤 사용해요.

재료

밥 50g
닭고기 20g
우엉 5g
양파 5g
배추 15g
육수 150ml

1 우엉은 껍질을 벗겨 한 번 삶아 준비합니다.

2 육수에 닭고기, 우엉, 양파, 배추를 넣고 삶아줍니다.

※배추는 연한 속잎을 사용해요.

3 닭고기, 우엉, 양파, 배추를 건져 내 5mm 크기로 잘게 썰어줍니다.

4 2의 육수에 밥과 3을 넣고 약불에서 저어가며 3분 더 끓여줍니다.

POINT

우엉은 껍질에 흠이 없고 매끈하며 쪼글쪼글 마르지 않고 싱싱한 것으로 구입해요. 우엉 껍질을 벗길 때는 감자칼을 사용하면 편해요.

몸이 쑥쑥 자라나요

아스파라거스양파닭고기진밥

엽산이 매우 풍부한 아스파라거스를 넣어 만든 이유식이에요. 엽산은 세포와 조직들을 만드는 중요한 영양소랍니다.

재료

밥 50g
닭고기 20g
아스파라거스 15g
양파 5g
육수 150ml

1 육수에 닭고기, 아스파라거스, 양파를 넣고 삶아줍니다.

2 닭고기, 아스파라거스, 양파를 건져내 5mm 크기로 잘게 썰어줍니다.

3 1의 육수에 밥과 2를 넣고 약불에서 저어가며 3분 더 끓여줍니다.

POINT
아스파라거스는 머리와 밑동을 제거하고 부드러운 줄기 부분만 사용해요. 보통 줄기 부분은 감자칼로 껍질을 벗기지만 밑동과 머리를 제거하고 부드러운 줄기를 잘게 다져서 사용하기 때문에 껍질을 따로 벗기지 않아도 괜찮아요.

꺼억! 소화가 잘 되는

사과양배추닭고기진밥

달콤한 사과와 양배추를 넣어 만든 이유식이에요. 양배추에는 식유섬유가 많아 장운
동을 활발히 하기 때문에 변비 개선에 효능이 있어요. 사과와 양배추가 만났으니 소
화가 잘될 수밖에 없겠지요.

재료

밥 50g
닭고기 20g
사과 20g
양배추 15g
육수 150ml

1 양배추는 따로 삶아 준비합니다.

※양배추 삶은 물은 버립니다.

2 육수에 닭고기와 사과를 넣고 삶아줍니다.

3 닭고기, 사과, 양배추를 건져내 5mm 크기로 잘게 썰어줍니다.

4 2의 육수에 밥과 3을 넣고 약불에서 저어가며 3분 더 끓여줍니다.

POINT

사과에 포함된 펙틴은 장운동을 활발히 하기 때문에 변비에 좋지만 익힌 사과는 많이 먹으면 변비를 유발할 수 있어요. 변이 딱딱해서 힘들어하는 아기에게는 익힌 사과를 먹이지 않아요.

연두부콩나물당근노른자진밥

달걀노른자에는 단백질, 지방, 비타민A, 레시틴, 인, 철분 등 다양한 영양소가 들어 있어요. 콜레스테롤 걱정은 하지 않아도 돼요. 달걀노른자에 풍부하게 들어있는 레시틴이 혈중 콜레스테롤이 높아지는 것을 막아준답니다.

재료

밥 50g
달걀노른자 1개
연두부 20g
콩나물 10g
당근 10g
육수 150ml

1 연부두는 끓는 물에 한 번 데쳐
준비합니다.

2 육수에 콩나물, 당근을 넣고 삶아
줍니다.

※콩나물은 머리와 뿌리를 제거해요.

3 당근과 콩나물을 건져내 5mm 크
기로 잘게 썰어줍니다.

4 2의 육수에 밥과 1, 3과 달걀노른
자를 넣고 약불에서 저어가며 3분
더 끓여줍니다.

POINT

달걀노른자의 철분은 소고기만큼 아기의 몸에서 흡수가 잘 되지 않아요. 달걀노른자를 이용한
이유식은 별미처럼 가끔 만들어주세요. 철분 섭취를 위해 소고기를 넣은 이유식을 매일 만들어
주세요.

미역양파노른자진밥

참기름 한 방울 톡 떨어뜨려 먹고 싶은 고소한 미역노른자진밥이에요. 미역에는 칼슘이 풍부해 아기의 뼈를 튼튼하게 해줘요.

재료

밥 50g
달걀노른자 1개
불린 미역 10g
양파 10g
육수 150ml

1 미역은 흐르는 물에 비벼 씻어 물에 불려서 준비합니다.

2 육수에 미역, 양파를 넣고 삶아줍니다.

3 미역, 양파를 건져내 아주 살게 썰어줍니다.

4 2의 육수에 밥과 3과 달걀노른자를 넣고 약불에서 저어가며 3분 더 끓여줍니다.

POINT

칼슘 등 무기질이 풍부한 미역을 넣어 이유식을 만들 때는 미역을 아주 잘게 다져 썰고 불린 미역이 뭉쳐있지는 않은지 꼭 확인해요. 먹일 때도 아기 입천장이나 목에 달라붙지 않도록 유심히 확인하며 먹여주세요.

흰강낭콩브로콜리새우진밥

새우는 달콤하고 고소한 맛이 강하고, 자체적으로 염분을 지니고 있기 때문에 따로 간을 하지 않아도 아기가 잘 먹는 재료예요. 하지만 알레르기를 일으키기 쉬운 식재료이므로 처음에 잘 체크해주세요. 흰강낭콩은 불려서 삶으면 다른 콩에 비해 식감도 매우 부드럽고 특유의 콩 비린내도 적은 편이에요.

재료

밥 50g
새우 25g
불린 흰강낭콩 10g
브로콜리 15g
육수 150ml

1 하룻밤 불린 흰강낭콩은 부드럽게 삶아 껍질을 벗겨 으깨줍니다.

2 육수에 새우와 브로콜리를 넣고 삶아줍니다.

3 새우와 브로콜리를 선져내 5mm 크기로 잘게 썰어줍니다.

4 2의 육수에 밥과 1, 3을 넣고 약불에서 저어가며 3분 더 끓여줍니다.

POINT

여유있게 콩을 삶았다면 샐러드 토핑 등 엄마 아빠의 식탁에도 올려보세요. 국내산 생새우살을 사용하면 냉동보다 향이 강해요. 가격 면에서 비교적 저렴한 냉동 새우살을 사용해도 괜찮아요. 저희 딸은 오히려 향이 강한 새우보다 부드럽고 탱글하면서 향지 세지 않은 새우를 더 좋아했어요.

당근양파흰살생선진밥

부드러운 흰살생선의 살을 이용해서 만든 이유식이에요. 흰살생선은 껍질과 가시, 내
장을 꼼꼼하게 제거해서 살만 준비해요.

202

재료

밥 50g
흰살생선 30g
당근 15g
양파 5g
육수 150ml

1 육수에 흰살생선, 당근, 양파를
넣고 삶아줍니다.

2 흰살생선, 당근, 양파를 건져내
5mm 크기로 잘게 썰어줍니다.

3 1의 육수에 밥과 2를 넣고 약불에
서 저어가며 3분 더 끓여줍니다.

POINT

이유식 시기에 사용하는 흰살생선은 가자미, 도미, 광어, 대구, 명태, 갈치 등이 있어요. 중금속
이나 방사능 때문에 오염된 근해에서 잡힌 생선이나 먹이사슬 상위에 있는 생선은 피하는 게
좋아요. 저도 의심되는 어종은 차라리 먹이지 않았어요. 생선은 최대 일주일에 2회 정도가 적
당해요.

건강한 간식 주세요!

영양 보충을 위한 재료도 물
론 중요하지만, 후기 이유식
시기부터는 스스로 먹는 연습
에 신경을 많이 써주세요.

자기주도이유식

만 8개월부터는 스스로 손을 사용해 집어먹는 연습을 충분히 해야 해요. 도움 없이 혼자 앉고 스스로 먹는 것에 관심을 보이는 시기예요. 부모가 가르쳐주지 않아도 손가락으로 음식을 집기 시작하고 스스로 입에 넣기도 해요. 아직 치아가 다 나지 않았어도 잇몸으로 음식을 으깨 먹을 수 있어요. 아기도 부모도 꼭 손을 씻고 시작합니다.

좋아하는 재료로 시작해서 1~2가지씩 새로운 재료를 더해줘요. 아기가 충분히 즐기고 있는 모습을 보인다면 다양한 재료를 차려줘도 좋아요. 처음엔 잘 먹지 않을 수 있으니 간식 시간에 시작해보고, 아기가 스스로 충분한 양을 먹는다면 식사도 자기주도로 준비해도 좋아요.

많이 먹지 않는다고 걱정하지 말고 스스로 배워가는 과정을 칭찬해주세요. 물론 아직 서투른 손짓이다보니 식탁도 바닥도 지저분해지기 일쑤예요. 시작할 때부

터 지저분해질 것을 생각하고 너무 스트레스 받지 마세요. 촉감, 색깔, 맛, 향 등을 오 감으로 느끼고 있는 아기, 스스로 하는 법을 배우고 있으니 잘하고 있다고 많은 응원을 보내주세요.

핑거푸드로 적합한 재료

익힌 당근, 익힌 고구마, 익힌 감자, 구운 빵, 익힌 고기, 아기용 과자, 아보카도, 바나나, 복숭아, 멜론 망고, 자두, 익힌 사과, 배, 익힌 브로콜리, 익힌 호박, 익힌 아스파라거스, 스크램블드에그, 팬케이크 파스타, 소면, 쌀국수, 데친 두부 등

핑거푸드로 적합하지 않은 재료

견과류, 건포도, 소세지, 팝콘, 자르지 않은 동그란 형태의 포도알, 방울토마토 등

재료

얼음틀	파프리카(찜), 고구마(찜), 닭안심(찜), 브로콜리(찜), 사과칩(시판과자), 아보카도
베이킹틀	스크램블드에그, 사과(찜), 단호박(찜), 표고버섯(찜), 당근(찜), 바나나예요
나눔접시	데쳐서 사용해도 괜찮지만 찜이 영양소 파괴가 가장 적어서 책에서는 찜으로 만들
식판	었어요.
일반 접시	
후기 이유식 각종 식재료	1 틀 하나에 재료 한 가지씩 넣어 준비합니다.
	2 주의 깊게 지켜보되 아기가 스스로 먹을 수 있도록 간섭하지 않습니다.

자기주도이유식으로 다양한 색깔, 식감, 맛을 소개해주는 건 참 풍부한 경험이에요. 하지만 꼭 가짓수를 많이 할 필요는 없어요. 2~3가지로도 충분해요. 가짓수만 늘리는 것보다는 차라리 5대 영양소가 골고루 들어가도록 재료 균형에 더 신경을 써주세요. 이 시기에는 자기주도이유식을 차려주면 그릇을 뒤엎는 경우가 많아요. 개인적으로는 205쪽의 사진처럼 흡착식 식판이 도움이 많이 되었어요.

포도요거트스무디

달콤한 포도 속살을 넣어 만
든 새콤한 스무디예요. 아기에
게 다양한 맛을 소개해주세요.
처음 새콤한 음식을 먹었을 때
아기의 표정이 생각나네요. 포
도는 껍질과 씨를 제거해서 덩
어리가 남지 않도록 곱게 갈아
줍니다. 그렇지 않으면 흡인의
위험이 있어요.

재료

포도 40g(약 1/4개)
플레인요거트 20g
물 100ml

1 포도는 껍질과 씨를 제거해 준비
합니다.

2 1과 요거트, 물을 넣고 믹서기로
갈아줍니다.

간식으로도 OK, 반찬으로도 OK
고구마치즈샐러드

이유식 특성상 열에 의한 조리
가 많은데, 고구마와 감자에
들어있는 비타민C는 조리해도
다른 재료에 비해 덜 파괴되어
아기에게 비타민을 공급해주기
좋아요.

재료

고구마 100g
아기치즈 1장

1 고구마는 쪄서 껍질을 벗겨 으깨
  줍니다.

2 고구마가 따뜻할 때 아기치즈를
  넣고 버무려줍니다.

부드럽고 깊은 맛

단호박크림수프

엄마의 사랑과 정성이 들어간 따뜻한 수프 한 그릇. 단호박과 양파가 들어가서 맛도 달콤하고 색상도 참 예뻐요.

재료

단호박 70g
양파 20g
분유 15g
아기치즈 1장
물 300ml
포도씨유 1/3T

1 팬에 오일을 두르고 잘게 썬 양파가 투명해질 때까지 볶아줍니다.

2 1에 얇게 썬 단호박, 물, 분유를 넣고 약불로 20분 끓여줍니다.

3 믹서기로 곱게 갈아줍니다.

4 아기치즈를 넣고 한소끔 더 끓여줍니다.

고구마사과요거트샐러드

요거트는 설탕이 들어있는 달
콤한 시판 요거트 말고 우유를
발효시킨 순수한 플레인 요거
트를 사용합니다. 어렵지 않으
니 집에서 직접 엄마가 만들어
주면 더욱 좋아요.

재료

고구마 80g
사과 20g
플레인요거트 20g

1 고구마는 쪄서 껍질을 벗겨
으깨줍니다.

2 사과는 껍질과 씨를 제거하
고 잘게 썰어줍니다.

3 볼에 1, 2와 요거트를 넣고 잘
버무려줍니다.

블루베리건자두스무디

비타민C가 풍부한 블루베리와
건자두가 들어간 간식이에요.
건자두가 들어가서 아기에게
변비가 있을 때 좋은 간식이에
요. 반대로 아기의 변이 묽을
때는 먹이지 않아요.

 재료

건자두 10g
블루베리 30g
물 100ml

1 건자두, 블루베리, 물을 넣고 믹
서기로 갈아줍니다.

5

[완료기 이유식]

3번의 식사와 2번의 간식
진밥, 국, 반찬, 식판식까지

이때는 활동량도 많고 에너지도 넘쳐 분유나 모유보다 이유식이 중요한 에너지 공급원이 돼요. 5대 영양소가 골고루 들어간 음식이 필요해요. 간혹 지방에 대한 부정적인 시각으로 식단에서 배제하는데 두뇌 발달과 건강 유지를 위해 만 2세까지는 양질의 지방 섭취도 중요해요. 철분 공급에도 신경을 써주세요. 생우유는 하루에 500㎖ 이상 먹지 않도록 해주세요. 우유를 많이 먹으면 밥을 잘 먹지 않아 영양소 섭취가 어렵고, 철분도 부족할 수 있어요. 완료기부터 약간의 간을 하기 시작하는데 재료 자체에도 나트륨이 들어있으니 세지 않게 해주세요.

덥석덥석 잘 먹는 우리 아기를 위한
[완료기 이유식]은 이렇게 해요

시기: 12개월 이상

먹는 양: 한 끼에 120~180ml 정도

먹는 횟수: 하루 3회, 간식 2회

농도: 밥알이 살아 있는 진밥으로
   다양한 국과 반찬, 식판식까지

모유와 분유, 우유: 하루 400~500ml

그동안 미음, 죽, 진밥 등 한 그릇 이유식이었다면
이제 다양한 재료, 조리법, 식감, 맛을 소개해주세요.

많은 식재료를 소개하면 편식도 줄일 수 있고
자라면서 무엇이든 덥석덥석 잘 먹을 수 있어요.

다양한 곡물을 접해봐요

가지아마란스소고기진밥

신이 내린 곡물로 알려진 아마란스에는 단백질, 칼슘, 인, 철분 등이 풍부해요. 특히 아마란스에 들어있는 리신 성분은 칼슘의 흡수를 도와주는 역할을 하기 때문에 아기 성장에 도움이 돼요. 크기도 작아서 이유식에 활용하기도 좋지요.

재료

밥 60g
소고기 25g
가지 20g
아마란스 5g
육수 130ml

1 아마란스는 체에 밭쳐 흐르는 물에 씻은 뒤 끓는 물에 10분 익혀줍니다.

2 육수에 소고기와 가지를 썰어 넣고 5분 삶아줍니다.

※재료를 삶은 뒤 육수는 버리지 않고 진밥을 만들 때 사용해요.

3 소고기와 가지를 건져내 5~7mm 크기로 잘게 썰어줍니다.

4 2의 육수에 밥과 1, 3을 넣고 약불에서 저어가며 2분 더 끓여줍니다.

POINT

완료기 이유식 시기부터는 스스로 음식을 더 잘 먹을 수 있게 돼요. 조금 흘리더라도 스스로 먹을 수 있게 도와주세요. 15개월 무렵부터 혼자서도 스푼과 포크를 잘 사용할 수 있어요. 텔레비전을 보면서 먹거나 돌아다니면서 먹지 않도록 지도해주세요. 이유식은 영양 보충뿐 아니라 식탁 예절도 배우는 시기예요.

밤양파배추닭고기진밥

밤은 달콤하고 부드러워서 간혹 일찍부터 먹이는 경우가 있어요. 하지만 밤도 견과류와 마찬가지로 알레르기를 잘 일으키는 재료이기 때문에 너무 일찍 먹이지 않는 것이 좋아요.

밥 60g
닭고기 25g
양파 10g
배추 20g
껍질 깐 밤 20g(1~2알)
육수 130ml

1 밤은 쪄서 껍질을 벗겨 준비합니다.

2 육수에 닭고기, 밤, 양파, 배추를 넣고 5분 삶아줍니다.

※배추는 속잎을 사용해요.

3 닭고기, 밤, 양파, 배추를 건져내 5~7mm 크기로 잘게 썰어줍니다.

4 2의 육수에 밥과 3을 넣고 약불에서 저어가며 2분 더 끓여줍니다.

POINT

생후 12개월이 지나면 하루에 육류를 40-50g 정도 먹어요. 돌이 지나면서 아이의 활동도 많아지고 그만큼 더욱 많은 영양과 칼로리가 필요해요. 밥, 채소, 고기, 과일 모두 골고루 충분히 먹여 주세요.

콩나물양파돼지고기진밥

돌이 지나면 돼지고기도 먹을 수 있어요. 돼지고기에는 단백질, 철분, 비타민B가 풍부하게 들어있어요. 돼지고기를 고를 땐 기름기가 없는 안심 부위를 골라서 구입해요. 돼지고기는 완전히 익혀 주세요.

재료

밥 60g
돼지고기 20g
콩나물 15g
양파 10g
육수 130ml

1 콩나물은 뿌리만 다듬어 준비
합니다.

2 돼지고기는 기름기를 제거하고
한 번 데쳐 준비합니다.

3 육수에 돼지고기, 콩나물, 양파
를 넣고 5분 삶아줍니다.

4 돼지고기, 콩나물, 양파를 건져
내 5~7mm 크기로 잘게 썰어줍
니다.

5 3의 육수에 밥과 4를 넣고 약불에
서 저어가며 2분 더 끓여줍니다.

POINT

콩나물에는 비타민C와 아스파라긴산이 풍부하게 들어있어요. 또 양질의 섬유소는 변비 예방을
돕고 장을 건강하게 만드는 효능이 있어요. 콩나물과 돼지고기를 함께 조리하면 돼지고기의 단
백질과 콩나물의 비타민, 무기질이 영양상 균형을 잘 이루어요.

철분이 필요해요

부추무홍합진밥

완료기 이유식 시기에 새로 더할 수 있는 재료 중 하나가 바로 부추예요. 부추에는
비타민과 철분이 풍부하게 들어있어요.

재료

밥 60g
홍합살 30g
부추 5g
무 15g
육수 130ml

1 홍합은 끓는 물에 데쳐 내장을 떼고 잘게 썰어줍니다.

2 육수에 무, 부추를 넣고 5분 삶아줍니다.

3 홍합살, 무, 부추를 건져내 5~7mm 크기로 잘게 썰어줍니다.

4 2의 육수에 밥과 1, 3을 넣고 약불에서 저어가며 2분 더 끓여줍니다.

POINT

홍합은 손질이 번거로워요. 하지만 껍질에 붙은 섬유질 같은 이물질만 제거하면 맛있게 먹을 수 있는 식재료예요. 벅벅 문질러 이물질을 제거하고 남은 것은 가위로 잘라주면 돼요. 홍합살은 한 번 데쳐 쓴맛을 내는 내장을 떼어내고 준비해요. 내장은 손으로 쉽게 떼어낼 수 있어요. 이유식에 사용하기 전 끓는 물에 데쳐 이물질과 나트륨을 제거해주세요.

기력이 없을 때 호로록 먹기 좋은

닭다리살온반

밥에 소고기나 닭고기, 꿩고기를 고아 우려낸 뜨거운 고깃국물을 얹은 장국밥을 온반
이라고 해요. 아기가 먹을 온반이니 너무 뜨겁지 않게 해주세요. 아기가 아파서 입맛
을 잃었을 때 만들어주니 한 그릇 싹싹 비웠던 메뉴예요.

재료

밥 50g
닭다리(북채) 1개
당근 10g
애호박 10g
닭육수 130ml
포도씨유 1/3t

1 닭다리는 끓는 물에 데쳐 살만 발라내 준비합니다.

2 당근과 애호박은 잘게 썰어 오일을 두른 팬에 볶아줍니다.

3 밥에 미지근하게 데운 닭육수를 부어줍니다.

4 닭다리살, 당근, 애호박 고명을 위에 올려줍니다.

POINT

아기가 아파서 입맛이 없을 때는 익숙하고 평소 좋아하는 메뉴를 챙겨주세요. 너무 많은 반찬을 차려주거나 새로운 식재료를 써서 이유식을 만들어주면 지쳐있는 아기에게 먹는 것 또한 스트레스가 될 수 있어요.

감칠맛이 좋아요

소고기당근김비빔밥

한 그릇 밥

육수에 소고기와 당근을 넣고 졸이며 볶아 자연스럽게 감칠맛을 낸 비빔밥이에요. 빛깔이 고운 당근은 다양한 요리에 빠지지 않는 채소지요. 녹황색 채소 중 베타카로틴의 함량이 가장 높아요. 당근의 영어 이름이 왜 캐롯(carrot)인지 알 것 같아요.

재료

밥 60g
소고기 25g
당근 15g
마른김 1/8장
육수 130ml
참기름 2~3방울

1 살짝 데친 소고기와 당근은 잘게
   다져서 준비합니다.

2 육수에 소고기와 당근을 넣고 끓
   이다 육수를 완전히 졸이며 볶아
   줍니다.

3 마른 김은 잘게 부숴줍니다.

4 밥에 2와 3, 참기름을 약간 넣고
   비벼줍니다.

POINT

볶음 요리를 할 때도 육수를 활용해보세요. 졸이듯 익혀주면 기름을 넣지 않고도 삶으며 볶는
효과를 줄 수 있어요. 간은 부족해도 깊은 맛을 더해줄 수 있어요.

덮밥도 먹어볼까?

시금치소고기덮밥

이유식에 사용하는 재료들은 중복되는 경우가 많아서 다양한 조리법으로 아기에게 새로운 음식을 경험시켜 주어요. 새로운 식재료와 음식의 경험이 많을수록 편식과 멀어지지요.

재료

밥 50g
소고기 25g
시금치 10g
양파 10g
양조간장 2~3방울
물 30ml
전분 1t
포도씨유 1/3t

1 살짝 데친 소고기와 시금치, 양파는 5~7mm 정도 크기로 썰어 준비합니다.

2 팬에 오일을 두르고 양파부터 소고기, 시금치 순으로 볶아줍니다.

3 간장을 넣어 간을 조금 더해주고 전분가루를 푼 물을 부어줍니다.

4 밥 위에 3을 올려줍니다.

POINT

취향에 따라 빻은 깨나 참기름을 한 방울 넣어줘도 좋아요.

231

현미밥에 부드러운 덮밥소스를 척!

연두부게맛살현미덮밥

현미는 이유식 초중기부터도 먹일 수 있어요. 하지만 너무 많이 섞을 경우 소화가 쉽
지 않기 때문에 소량만 사용하고, 충분히 불려서 사용해요. 현미밥을 지을 때 쌀과
현미를 3:1 비율로 사용했어요.

재료

현미밥 50g
연두부 30g
게맛살 15g
양파 10g
물 30ml
전분 1/2t
포도씨유 1/3t
참기름 1t

1 연두부와 게맛살은 끓는 물에 데 쳐 준비합니다.

2 팬에 오일을 두르고 잘게 썬 양파 를 투명하게 볶아줍니다.

3 2의 팬에 연두부와 게맛살을 넣 고 살짝 볶다가 전분물을 부어주 고 참기름을 넣어줍니다. 현미밥 위에 올려줍니다.

POINT

맛살 같은 재료에는 첨가물이 들어 있으므로 한 번 끓는 물에 데친 뒤 사용해요. 자체의 향과 간이 진하므로 따로 간장이나 소금간을 더하지 않았어요.

영양만점 든든한
뿌리채소밥

다양한 뿌리채소들을 사용한 고소한 영양밥 한 그릇이에요. 꼭 책에 명시된 재료가
아니어도 좋아요. 단호박, 우엉 등 집에 있는 재료를 활용해보세요.

밥 50g
연근 5g
당근 5g
무 5g
고구마 10g
들기름 2~3방울

1 연근, 당근, 무, 고구마 등 뿌리채소 들은 껍질을 벗겨 찜기에 쪄줍니다.

2 부드럽게 익은 뿌리채소를 잘게 썰어줍니다.

3 지어놓은 밥에 2를 넣어줍니다.

4 들기름 한두 방울을 넣어 살살 비벼줍니다.

POINT

뿌리채소와 함께 밥을 지어서 만들면 더 깊은 향이 나겠지만, 불린 쌀 30g 정도로 소량 냄비밥을 짓는 건 쉽지 않죠. 미리 지어놓은 밥에 재료를 넣어주는 것도 요령이에요. 만약 따로 밥을 지을 여유가 된다면 불린 쌀을 이용해서 뿌리채소 냄비밥에 도전해보세요. 여유 있는 양으로 만들어 엄마 아빠도 함께 먹어요.

급할 때 휘리릭, 맛과 영양의 조화

시금치대파달걀볶음밥

급할 때 휘리릭 만들 수 있는 간단한 한 그릇 요리예요. 대파는 기름이 달궈지기 전
오일과 함께 팬에 넣어 볶아 향신 기름을 만들어 주세요.

236

재료

밥 60g
달걀 1개
대파 흰부분 8g
시금치 10g
포도씨유 1/3t
참기름 2~3방울

1 대파는 잘게 썰어 팬에 포도씨유를 함께 넣고 볶아줍니다.

2 1에 8mm 크기로 썬 시금치를 넣고 숨이 죽도록 살짝 볶아줍니다.

3 달걀을 풀어 스크램블드에그를 만들어 줍니다.

4 팬에 3과 밥을 넣고 볶아준 뒤 참기름을 넣어 마무리합니다.

POINT

볶음밥을 만들 때 대파는 하얀 부분을 사용해요. 대파의 하얀 부분이 더 달콤하면서 부드러우며 향도 좋아요. 대파의 초록색 부분은 진액이 많고 질겨서 고명 등 색감을 낼 때 사용해요. 스크램블드에그는 달걀에 우유를 섞어 풀어주고 기름을 살짝 두른 프라이팬에 부어 가운데에서 바깥 방향으로 잘 저어가며 익히면 몽글몽글하게 만들어져요.

단짠단짠 달콤 짭조름한

파인애플새우볶음밥

한 그릇 밥

파인애플을 익히면 신맛은 많이 줄어들고 달콤한 맛이 더욱 살아나요. 달콤한 파인애
플과 고소한 새우를 넣은 한 그릇 밥이에요.

238

재료

밥 50g
칵테일새우 30g
파인애플 20g
대파 흰부분 8g
포도씨유 1/3t
참기름 약간

1 대파는 잘게 썰어 팬에 포도씨유를 함께 넣고 볶아줍니다.

2 1에 잘게 썬 새우를 넣고 붉은 색이 나도록 볶아줍니다.

3 새우의 수분이 날아가면 5mm 크기로 썬 파인애플을 넣고 부드럽게 익을 때까지 볶아줍니다.

4 3에 밥을 넣고 볶아줍니다.

※아기의 기호에 따라 참기름을 넣어주어도 좋아요.

POINT

고수나 바질, 파슬리 같은 생허브를 약간 넣어 새로운 풍미를 경험시켜줘도 좋아요. 저는 텃밭에서 키운 고수나 바질을 아주 조금씩 잘게 썰어 넣어주곤 했어요. 허브에 익숙해지면 나중에도 소금이나 설탕 없이 재료의 풍미를 더하는 일이 가능해져요. 사용할 수 있는 허브로는 바질, 고수, 민트, 오레가노, 파슬리, 세이지, 로즈마리, 타임 등이 있어요.

김가루를 넣어 더욱 고소한

연근소고기김비빔밥

영양소가 풍부한 연근과 소고기로 만든 고소한 비빔밥이에요.

한 그릇 밥

재료

밥 60g
소고기 25g
연근 10g
양파 10g
소고기육수 130ml
마른김 1/8장
참기름 2~3방울

1 소고기와 연근은 끓는 물에 익혀 줍니다.

2 육수에 잘게 썬 소고기와 양파와 연근을 넣고 수분이 날아갈 때까지 완전히 졸여줍니다.

3 마른 김은 잘게 부숴줍니다.

4 밥에 2, 3과 참기름을 넣고 비벼 줍니다.

POINT

돌이 지나면서 일시적으로 먹는 양이 줄어들 수도 있어요. 애써 준비한 음식을 거의 먹지 않을 때도 있어요. 같은 음식이라도 어느 날은 잘 먹고, 어느 날은 먹지 않을 때도 있고요. 하지만 너무 스트레스 받지 마세요. 특히 돌 무렵, 아이가 자라면서 겪는 당연한 현상이니 아기의 입맛이 다시 돌아올 때까지 기다려주세요. 아이가 준비한 음식을 다 먹지 않을 수도 있다는 걸 늘 염두에 두고 다 먹는 것에 집착하지 마세요. 한 입 덜 먹더라도 즐거운 식사시간이 될 수 있도록 아이에게 짜증내거나 화내는 일을 줄여주세요.

노릇하게 버섯을 볶아

버섯치즈주먹밥

버섯은 수분이 날아갈 때까지 충분히 볶아주어야 고소하고 맛있어요.

재료

밥 60g
팽이버섯 20g
아기치즈 1장
마른김 1/8장
포도씨유 1/2t
참기름 2~3방울

1 포도씨유를 두른 팬에 잘게 썬 팽이버섯을 넣고 수분이 완전히 날아갈 때까지 살짝 노릇하게 볶아줍니다.

2 마른 김은 잘게 부숴줍니다.

3 밥에 1, 2와 아기치즈, 참기름을 넣고 비벼 동그랗게 빚어줍니다.

POINT

외출할 때 주먹밥을 준비하면 편해요. 도시락에 담아 보냉 가방에 넣어서 외출합니다.

달지 않은 약밥처럼

건포도시나몬밥

건포도는 가급적 당절임을 하지 않은 100% 포도 말린 것을 구입합니다. 유기농 제품으로 구입하면 더욱 좋아요. 건포도나 견과류 같은 재료는 통째로 주면 질식의 위험이 있기 때문에 작게 잘라서 주고 반드시 옆에서 확인하며 먹입니다.

재료

밥 60g
건포도 10g
시나몬파우더 1자밤
물 50ml
참기름 2~3방울

※ 자밤은 꼬집의 바른
  표기입니다.

1 건포도는 칼로 3~4등분 정도 크
  기로 잘라 준비합니다.

2 냄비에 물, 건포도, 시나몬파우더
  를 넣고 국물이 거의 남지 않을 때
  까지 저어가며 졸여줍니다.

3 밥에 2와 참기름을 넣고 골고루
  비벼줍니다.

POINT

요즘에는 해외 직구가 어렵지 않아 향신료를 주문해서 사용하는 가정도 늘었어요. 마트에서도
구입할 수 있어요. 혹시 아이 음식에 무슨 향신료를 사용할 수 있을까 궁금해 할 분들이 계실
까 적어보아요. 사용할 수 있는 향신료로는 올스파이스, 시나몬, 큐민, 맵지 않은 커리파우더,
펜넬, 마늘, 생강, 후추, 넛맥, 파프리카, 터메릭(강황) 등이 있어요. 이것저것 시도해봤는데 저희
딸은 시나몬을 제일 좋아했어요. 마늘과 생강 파우더는 다진 마늘이나 다진 생강보다 매운 맛
이 적어서 아이 음식 만들 때 자주 사용했어요. 마트에 가면 쉽게 구할 수 있으니 구입해두면
좋아요.

혼자서도 잘 먹어요

아기맥앤치즈

한 그릇 밥

우유와 치즈를 넣어 만든 크림파스타예요. 마카로니 파스타면을 이용해서 만들어 아기 스스로 먹기에 좋아요.

246

재료

건마카로니 10g
양파 20g
우유 100ml
버터 1/3t
소금 1자밤
아기 치즈 1장
파프리카파우더 1자밤

1 마카로니를 끓는 물에 15분 삶아
  줍니다.

2 버터를 녹인 팬에 양파를 넣고 투
  명해질 때까지 볶아줍니다.

3 2에 우유와 아기 치즈, 소금을 넣
  고 끓여줍니다.

4 삶아 놓은 마카로니를 넣고 잘 섞
  어준 뒤 파프리카파우더를 조금
  뿌려줍니다.

POINT

파프리카파우더는 생략 가능하며 시나몬파우더나 넛맥파우더 아주 조금으로 대체도 가능해요.
버터를 집에서 직접 만들기 어렵다면 가공 버터보다 우유로만 만든 질 좋은 천연 버터를 구입
해서 사용합니다. 이때 무염버터를 사용하는 것이 좋습니다.

담백한 국수 한 그릇

계란국수

후루룩 먹기 좋은 담백한 국수 한 그릇이에요. 아기도 생각보다 국수 먹는 것을 좋아한답니다.

재료

소면 30g
당근 10g
애호박 10g
달걀 1개
다시마육수 200ml
포도씨유 1/3t

1 소면은 미리 삶아 찬물에 여러 번
   씻어 체에 밭쳐 준비합니다.

2 당근과 애호박은 얇게 채 썰어 오
   일을 두른 팬에 볶아줍니다.

3 냄비에 육수를 끓여 날샬을 풀어
   익혀줍니다.

※다시마육수는 50쪽을 보세요.

4 3에 삶아 놓은 소면을 넣고 당근
   과 애호박으로 고명을 만들어 위
   에 올려줍니다.

POINT

딸이 면요리를 참 좋아했어요. 물론 지금도 좋아한답니다. 밀가루로 만든 소면이나 파스타 외
에도 다양한 면을 활용해보세요. 부드러운 쌀국수도 있고, 100% 현미로 만든 현미국수도 있답
니다.

부드럽게 삶은 파스타면

새우브로콜리크림파스타

한 그릇 밥

먹은 뒤 치우느라 힘들겠지만 아기 혼자 먹을 수 있도록 아기용 포크를 줘보세요. 탱글탱글한 새우, 부드러운 브로콜리, 길쭉길쭉한 면발이 아기에게 즐겁고 새로운 경험일 거예요. 아기가 먹을 때는 면을 2cm 정도의 길이로 잘라서 줍니다.

250

재료

스파게티면 20g
새우살 30g
브로콜리 20g
양파 10g
우유 150ml
버터 1/3t
소금 1자밤

※ 자밤은 꼬집의 바른
   표기입니다.

1 팬에 버터를 녹여 잘게 썬 양파를 넣고 투명해질 때까지 볶아줍니다.

2 1에 1cm 크기로 썬 새우살을 넣고 붉은색이 돌 때까지 같이 볶아줍니다.

3 2에 1cm 크기로 썬 브로콜리를 넣고 숨이 죽을 때까지 같이 볶아줍니다.

4 3에 우유를 넣고 저어가며 끓이다 소금을 한 자밤 넣어줍니다.

5 10분간 미리 삶은 스파게티 면을 넣고 30초 더 끓여줍니다.

POINT

파스타면을 삶을 때 대부분 중간 심지가 살짝 씹히는 알단테로 많이 삶죠. 그러나 완료기 이유식에서는 부드럽게 익도록 포장지에 적힌 시간보다 2~3분 더 삶아줍니다.

도시락 메뉴로도 손색 없는
양파새우밥전

양파새우밥전은 외출할 때 도시락으로 싸기 좋은 메뉴예요. 아기 손에 쥐어주면 하나씩 먹기 좋지요. 밥으로 전을 만들어 흘리지 않고 먹을 수 있어요.

밥 40g
새우살 25g
달걀 1개
밀가루 20g
양파 10g
포도씨유 1T

1 새우살을 다져서 준비합니다.

2 양파는 8mm 크기로 잘게 썰어
준비합니다.

3 볼에 밥, 새우, 양파, 달걀, 밀가루
를 넣고 섞어줍니다.

4 오일을 두른 팬에 약불에서 노릇
하게 앞뒤로 익혀줍니다.

POINT

새우살이 들어가면 새우 자체의 나트륨과 향이 진해서 따로 간을 하지 않아도 아기들이 잘 먹
는 편이에요. 만약 간이 부족하다 싶으면 소금을 한 자밤 넣어주어요. 하지만 완료기 이유식
시기에도 최대한 간을 적게 하는 습관을 들이는 것이 좋아요.

달콤하고 고소한 별미

크랜베리고구마밥전

한 그릇 밥

달콤하고 상큼한 크랜베리와 고구마를 넣은 별미밥이에요. 고구마를 쪄서 으깨 부드러운 식감에 크랜베리와 밥알이 함께 씹혀 아기가 좋아해요. 핑거푸드로 외출 시 도시락으로 좋아요.

재료

밥 30g
고구마 40g
달걀 1/2개
밀가루 5g
건크랜베리 10g
포도씨유 1T

1 고구마는 쪄서 으깨 준비합니다.

2 건크랜베리는 잘게 썰어 준비합니다.

3 볼에 밥, 고구마, 건크랜베리, 달걀, 밀가루를 넣고 섞어줍니다.

4 오일을 두른 팬에 약불에서 노릇하게 앞뒤로 익혀줍니다.

POINT

건조 과일을 구입할 때는 제품이 깨끗한지, 첨가물이 많이 들어가지는 않았는지 꼼꼼하게 확인하며 구입합니다.

두부의 변신

들깨두부스테이크

아기 반찬

고소한 들깨와 두부로 만든 부드러운 반찬이에요. 다진 돼지고기를 조금 더해주어도
좋아요.

재료

두부 1/2모
들깻가루 1T
마늘파우더 1/3t
부침가루 2T
달걀 1/2개
소금 1자밤
포도씨유 1T

※ 자밤은 꼬집의 바른
　표기입니다.

1 두부는 데친 후 면포에 짜서 물기를 최대한 제거합니다.

2 1을 으깨며 들깻가루, 마늘파우더, 부침가루, 소금, 달걀을 넣어 반죽합니다.

3 오일을 두른 팬에 모양을 잡아 뚜껑을 덮고 약불에서 앞뒤로 구워줍니다.

POINT

아기 반찬은 완료기 이유식에서 밥, 반찬, 국으로 정식 찬을 차릴 때 먹어요. 마트에 가면 구할 수 있는 마늘파우더는 다진 마늘보다 맛이 훨씬 부드럽고 매운맛이 덜하답니다. 은은한 마늘 향을 낼 수 있어 완료기 이유식 반찬 만들 때 유용하게 사용했어요.

새우 파우더로 감칠맛을 더한

소고기완자

성장기에 필요한 단백질, 철분 등이 풍부한 소고기. 아기에게 부지런히 소고기를 먹여주세요.

재료

소고기 100g
양파 10g
당근 10g
달걀노른자 1개
새우파우더 1/3t
전분가루 1/2T

1 소고기는 핏기를 제거하고 다져서 준비합니다.

2 양파와 당근은 다져서 준비합니다.

3 볼에 1, 2와 달걀노른자, 새우파우더, 전분가루를 넣고 찰기가 생길 때까지 치대어줍니다.

4 반죽을 동그랗게 빚어 프라이팬이나 오븐에 조리합니다.

POINT

새우파우더는 마트에서 구입할 수 있어요. 특유의 감칠맛과 향, 영양을 더하기 위해 완자 만들 때 사용했어요. 새우파우더가 없다면 소금 한 자밤 정도로 대체해도 좋아요.

완자는 다양하게 조리할 수 있어요. 오일을 살짝 두른 팬에서 약불로 10분 정도 굽는데 이때 완자를 납작하게 눌러 속까지 잘 익도록 구워주세요. 또 프라이팬의 뚜껑을 덮고 구워도 되고 오븐에서 구워도 돼요. 완자의 장점은 다양한 활용이랍니다. 국에 넣어 완자탕을, 미트볼로 활용해서 스파게티를 만들 수 있어요. 찜기에 쪄도 훌륭한 밥반찬이 되지요.

닭가슴살스테이크

아기 반찬

닭고기로 만든 완자는 다른 고기 완자보다도 더 부드러운 편이에요. 아기의 컨디션이
좋지 않을 때 만들어주면 좋아요.

재료

닭가슴살 100g
양파 10g
애호박 10g
달걀노른자 1개
새우파우더 1/3t
전분가루 1/2T
포도씨유 1/2T

1 닭고기는 믹서기로 갈아서 준비
합니다.

2 양파와 애호박은 5mm 크기로 잘
게 썰어 준비합니다.

3 볼에 1, 2와 달걀노른자, 새우파
우더, 전분가루를 넣고 치대어줍
니다.

4 반죽을 동글납작하게 빚어 오일
을 두른 팬에 뚜껑을 덮고 약불로
구워줍니다.

POINT

미리 만들어 개별 포장해 냉동해두면 바쁠 때 꺼내 프라이팬이나 오븐에 구워서 반찬을 만들
수도 있어 편해요.

굴린만두

아기 반찬

돼지고기는 지방이 가장 적은 부위를 사용해요. 대파도 초록잎 부분이 아닌 뿌리 쪽
흰 부분만 사용합니다.

재료

돼지고기 100g
대파 흰부분 10g
부추 5g
마늘파우더 1/2t
생강파우더 1/2t
달걀 1/2개
소금 1자밤
전분가루 1/2T

※ 자밤은 꼬집의 바른
   표기입니다.

1 돼지고기는 핏기를 제거하고 다
   져서 준비합니다.

2 대파와 부추는 잘게 썰어 준비합
   니다.

3 볼에 1, 2, 달걀, 마늘파우더, 생강
   파우더, 소금, 전분가루를 넣고 찰
   기가 생길 때까지 치대어줍니다.

4 3의 반죽을 동그랗게 빚어 전분
   가루에 굴려 삶아줍니다.

POINT

끓는 물에서 만두가 수면 위로 떠오르면 다 익었다는 표시예요. 면포를 깔고 찌는 방법을 사용
해도 좋아요.

어묵 향에 반했어요

파프리카흰살생선볶음

파프리카흰살생선볶음은 파프리카와 양파, 가자미를 함께 볶아 어묵향이 나는 반찬이
에요.

재료

가자미 1마리
양파 15g
파프리카 20g
포도씨유 1/2T
참기름 2~3방울

1 가시를 제거한 흰살생선은 한입
  크기로 잘라 준비합니다.

2 양파와 파프리카는 가늘게 채 썰
  어 준비합니다.

3 오일을 두른 팬에 양파, 파프리카
  순으로 볶아줍니다.

4 3에 1을 넣고 볶아 참기름을 넣어
  마무리합니다.

POINT

레시피에서는 가자미를 사용했어요. 다른 흰살 생선인 광어, 돔 등으로 대체해도 좋아요.

밥새우견과류볶음

견과류는 자칫 아기의 기도를 막는 흡인의 원인이 될 수 있어요. 잘게 다져서 사용하고 먹을 때 주의 깊게 관찰해요. 견과류는 알레르기 반응이 쉽게 일어나는 식재료이므로 알레르기 체질인 아기는 식후에도 주의 깊게 살펴주세요.

재료

밥새우 10g
견과류 10g
올리고당 1/2T
통깨 1t

1 달궈진 마른 팬에서 약불로 밥새
우를 볶아 수분을 날려줍니다.

2 잘게 다진 견과류를 넣어 약불에
서 살짝 볶아줍니다.

3 2에 올리고낭과 통깨를 넣어 잘
섞어줍니다.

4 얇게 펴서 완전히 식혀줍니다.

POINT

대부분의 견과류는 돌이 지나고 먹일 수 있어요. 하지만 땅콩은 알레르기 반응이 많으므로 돌
이 지나도 가급적 먹이지 않아요.

푸딩처럼 부드러운 일본식 달걀찜

아기자완무시

소화가 잘 되는 아주아주 부드러운 일본식 달걀찜이에요.

268

달걀 1개
다시마육수 30ml
새우 1미
생강술 1T
소금 1자밤

※ 자밤은 꼬집의 바른
　표기입니다.

1 달걀을 체에 내려 알끈을 제거합
니다.

2 새우는 데쳐서 반을 갈라 준비합
니다.

3 1에 다시마육수, 소금, 생강술을
섞어 찜기에서 중약불로 15분 정
도 익혀줍니다.

※다시마육수는 50쪽을 보세요.

4 새우는 찌는 중간에 약 5분 정도
남겨놓고 올려줍니다.

POINT

집에서 소주에 생강을 담가 생강술을 만들어 두면 요리할 때 잡내 제거에 유용하게 사용할 수
있어요. 만약 없다면 친환경숍에서 판매하는 맛술을 사용해요. 가열하면 알코올 성분은 다 날
아가기 때문에 걱정하지 않아도 돼요. 생강술 만드는 법은 소주의 양 : 생강의 양을 1:2~1:7까
지 취향대로 하는데 아기가 먹으니 강하지 않게 1:5 정도면 좋아요.

휘리릭 만드는 간편 반찬

아스파라거스스크램블드에그

비타민과 철분이 풍부한 아스파라거스를 이용해 스크램블드에그를 만들었어요. 몽글
몽글한 스크램블드에그는 부드럽고 맛있어 아기들이 좋아하는 간편 반찬이에요.

재료

달걀 1개
우유 1T
아스파라거스 20g
포도씨유 1/2T

1 볼에 달걀과 우유를 넣고 곱게 풀
어 준비합니다.

2 밑동과 껍질을 제거한 아스파라
거스는 1cm 정도 크기로 잘라 준
비합니다.

3 오일을 두른 팬에 아스파라거스
를 넣고 볶아줍니다.

4 3에 달걀물을 부어 저어가며 완
전히 익혀줍니다.

POINT

보통 스크램블드에그를 만들 때는 반숙 정도로 촉촉하게 익히는 경우가 많은데요. 아기를 위한
이유식에서는 흰자와 노른자의 속까지 완전히 익을 수 있도록 충분히 조리해줍니다.

제철일 때 더욱 맛 좋은

들깨무나물

아기 반찬

어떤 음식을 만들든지 제철 채소를 사용하면 식재료 가격도 저렴하고 맛도 영양도 최고예요. 가을과 겨울이라면 맛이 가장 좋을 때인 무를 사용해 아기 반찬을 만들어 보세요.

재료

무 80g
들깻가루 1/3T
다진마늘 1/2t
집간장 1/3t
물 100ml
포도씨유 1/2T
생들기름 2~3방울

1 무는 껍질을 벗겨 얇게 채썰어 준
비합니다.

2 오일을 두른 팬에 다진 마늘, 채
썬 무 순서로 볶아줍니다.

3 2에 물과 간장을 넣고 뚜껑을 덮
은 뒤 무르게 익혀줍니다.

4 수분이 자작하게 졸아들면 들깻
가루와 들기름을 넣어 마무리합니
다.

POINT

봄이나 여름에 나오는 무보다 가을과 겨울철에 나오는 무가 달고 맛있어요. 봄이나 여름에 무
나물을 만든다면 물 대신 육수를 사용해서 맛을 더해주세요. 무 껍질에도 영양이 많지만 이유
식 단계에서 사용하기에는 질기기 때문에 껍질을 벗겨 사용합니다.

청포묵김무침

아기 반찬

부드럽고 탱글탱글한 청포묵으로 만든 아기 반찬이에요. 단백질이 풍부하고 필수아미노산의 함량이 높아 아기 성장 발육에 좋다고 해요. 김가루와 참기름으로 버무려 고소한 맛이 일품이에요.

청포묵 100g
마른김 1/8장
집간장 1/2t
통깨 1/3t
참기름 2~3방울

1 청포묵은 원하는 모양으로 썰어
투명하게 살짝 데쳐줍니다.

2 마른 김은 잘게 부숴줍니다.

3 볼에 1, 2와 간장, 참기름, 볶은 통
깨를 부수어 넣고 버무려줍니다.

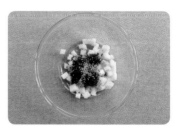

POINT

처음 묵의 식감을 맛보면 생소하게 느낄 수 있어요. 가늘고 길게도 잘라줘 보고 다양한 모양으
로 시도해보세요. 하지만 정사각형의 작은 큐브 모양은 피해주세요. 자칫 질식의 원인이 될 수
도 있어요. 책에서는 넓적하고 얇은 모양으로 썰어보았어요.

깨소금 냄새에 침이 고이는

두부깨무침

아기 반찬

식물성 단백질과 오메가가 가득해요. 고소한 깨와 두부로 만든 아기 반찬이에요.

재료

두부 1/2모
소금 1자밤
통깨 1/2T
생들기름 1/3t

※ 자밤은 꼬집의 바른
   표기입니다.

1 두부는 끓는 물에 데쳐 면포로 물
  기를 짜줍니다.

2 볶은 통깨는 절구로 부수어 준비
  합니다.

3 볼에 1, 2와 소금, 생들기름을 넣
  고 버무려줍니다.

POINT

간혹 두부에 시금치를 같이 넣어서 무치는 경우도 있는데, 시금치는 두부의 칼슘 흡수율을 떨
어뜨리기 때문에 좋은 궁합은 아니므로 피하는 것이 좋아요.

영양이 풍부해요

닭가슴살가지무침

안토시아닌이 풍부한 가지를 이용한 아기 반찬이에요.

아기 반찬

278

재료

닭가슴살 40g
가지 30g
양조간장 1/4t
올리고당 1/4t
참기름 2~3방울

1 닭가슴살은 삶아서 한입 크기로
  썰어 준비합니다.

2 가지는 1cm 크기로 썰어 데쳐서
  물기를 짜줍니다.

3 볼에 1, 2와 간장, 올리고당, 참기
  름을 넣고 조물조물 무쳐줍니다.

POINT

완료기 이유식에서 가지는 껍질째 사용해요. 대신 부드러운 식감을 위해 충분히 익혀서 사용하
면 돼요.

새우브로콜리무침

아기 반찬

따로 소금 간을 하지 않아도 새우 자체에서 자연적으로 나오는 짭잘한 맛 때문에 아기들이 좋아하는 반찬이에요.

새우살 40g
브로콜리 20g
참기름 2~3방울

1 새우는 끓는 물에 데쳐서 작게 썰어 준비합니다.

2 브로콜리는 송이 모양을 살려 작게 썰어 끓는 물에 3분 정도 부드럽게 익혀줍니다.

3 볼에 1과 2, 참기름을 넣고 조물조물 무쳐줍니다.

POINT

새우살은 작은 것으로 준비해요. 가끔 매우 짠 국산 새우를 살 때도 있는데 그럴 경우에는 찬물에 30분 정도 담가서 염분을 제거해요.

슈퍼푸드 아보카도와 병아리콩의 만남

병아리콩아보카도후무스

아기 반찬

병아리콩에는 단백질, 칼슘, 레시틴이 풍부해요. 푹 익혀 먹으면 식감도 부드럽고 맛
도 밤처럼 고소해요.

재료

불린 병아리콩 100g
아보카도 1/4개
엑스트라버진올리브유 1T
물 3T
올리고당 1t
소금 1자밤

※ 자밤은 꼬집의 바른 표기
입니다.

1 하룻밤 불린 병아리콩은 끓는 물
에 부드럽게 삶아서 준비합니다.

2 잘 익은 아보카도는 껍질을 벗기
고 씨를 제거해 준비합니다.

3 1, 2와 올리브유, 물, 올리고당, 소
금을 넣고 믹서기로 갈아줍니다.

POINT

원래 후무스에는 레몬즙도 들어가고 향신료나 타히니소스도 들어가요. 엑스트라버진 올리브오
일도 훨씬 많이 들어가고요. 하지만 제 경우에는 이렇게 향이 강한 재료를 넣고 만들면 딸이
잘 먹어주질 않았어요. 그래서 조금 달콤하고 부드럽게 변형시켜 만들어서 먹였답니다. 후무스
만드는 데는 정답이 없으니 다양하게 시도해보세요.

저온압착 생들기름으로 구운

두부구이

아기 반찬

들기름 향이 고소하고 식감이 부드러운 두부 반찬이에요.

284

재료

두부 1/2모
포도씨유 1/2T
들기름 1/2t

1 두부는 찬물에 담가 간수를 빼고
   썰어줍니다.

2 포도씨유를 두른 팬에 두부를 앞
   뒤로 노릇하게 구워줍니다.

3 불을 끄고 프라이팬에서 두부에
   들기름을 발라줍니다.

POINT

들기름을 넣어 조리할 때는 불을 꺼서 온도를 낮추어야 오메가가 파괴되지 않고 유해물질도
나오지 않아요. 고온에서 많이 볶은 들기름 말고 저온압착한 제품을 구입하는 것도 좋은 방법
이에요. 조금 덜 고소해도 생들기름을 사용하면 건강에는 더 좋아요.

카레 향 별미반찬

카레가자미구이

아기에게 인기 만점이었던 카레가자미구이예요. 은은하게 풍기는 카레 향과 부드러운
생선살이 잘 어울려요.

재료

가자미 1마리
카레가루 1/2T
밀가루 1/2T
포도씨유 1T

1 가자미는 껍질과 가시를 제거해서 살만 준비합니다.

2 밀가루와 카레가루를 섞어 준비합니다.

3 가자미에 2의 가루를 골고루 묻혀줍니다.

4 오일을 두른 팬에 노릇하게 앞뒤로 구워줍니다.

POINT

따로 카레를 만들어 주면 그리 좋아하지 않던 딸도 생선을 좋아해서 카레가자미구이는 참 잘 먹었어요. 커리파우더를 사용하면 좋지만, 시판 카레 가루를 사용해서 만들어도 괜찮아요.

핑거푸드로도 좋은
새우섬초나물전

시금치 중 섬초는 달달하고 씹는 맛이 좋아요. 다진 새우살에 섬초를 넣어 전을 부쳤어요. 달큰한 맛에 포옥 빠지게 되지요.

재료

새우 50g
섬초 20g
달걀노른자 1개
새우파우더 1/2t
밀가루 15g
물 1T

1 새우살은 다져서 준비합니다.

2 섬초는 살짝 데쳐서 1cm 크기로 썰어줍니다.

3 볼에 1, 2와 달걀노른자, 새우파우더, 밀가루, 물을 넣고 잘 섞으며 반죽합니다.

4 오일을 두른 팬에 약불로 앞뒤 노릇하게 익혀줍니다.

POINT

섬초의 제철이 아닐 때는 시금치나 다른 나물을 사용해도 좋아요. 제철 나물들을 다양하게 활용해보세요. 새우파우더는 100% 새우를 갈아 만든 가루로 마트에서 구입할 수 있어요.

밀가루 대신 마가루를 이용해 만든

채소마전

참마가루로 반죽을 만들어 달콤한 채소들을 넣어 전을 부쳤어요.

재료

양파 15g
당근 15g
애호박 20g
달걀 1개
참마가루 1T
부침가루 1T

1 양파, 당근, 애호박은 얇게 채썰어줍니다.

2 볼에 1과 달걀, 참마가루, 부침가루를 넣고 반죽합니다.

3 오일을 두른 팬에 약불로 앞뒤 노릇하게 익혀줍니다.

POINT

다양한 식재료를 소개해주고 싶고 먹여 주고 싶은 게 부모 마음이죠. 아기를 위한 음식을 만들 때, 새로운 재료를 사용한다면 기존에 좋아했던 재료도 함께 섞어 시도해보세요. 익숙한 맛이 더해지면 거부감이 훨씬 덜 생길 거예요.

새우젓으로 감칠맛을 더욱 살린

채소들깨탕

아기 국

애호박과 들깨, 새우젓의 조화가 좋은 아기 국이에요.

재료

양파 15g
무 15g
애호박 20g
감자 20g
들깻가루 1/2t
새우젓 1/3t
채소육수 500ml

1 양파, 무, 애호박, 감자는 1cm 크기로 나박나박 썰어 준비합니다.

2 채소육수에 1을 넣고 뚜껑을 덮어 약불에서 30분 끓여줍니다.

※채소육수는 50쪽을 보세요.

3 재료가 부드럽게 익으면 새우젓과 들깻가루를 넣고 한소끔 더 끓여줍니다.

POINT
다진 돼지고기를 살짝 볶아서 함께 끓여도 좋아요.

유부와 표고버섯의 오묘한 조화

유부버섯탕

두부를 기름에 튀겨 더욱 고소해진 유부를 넣은 아기 국이에요. 유부는 한 번 데쳐서 기름기를 제거하고 만들어요.

재료

표고버섯 15g
유부 2개
파 5g
다진 마늘 1/4t
국간장 1/2t
생수 500ml

1 버섯은 얇게 채썰어 2~3등분 해
  준비합니다.

2 유부는 끓는 물에 한 번 데쳐 1cm
  크기로 썰어 준비합니다.

3 파는 송송 썰어 준비합니다.

4 생수에 1, 2, 3과 마늘, 국간장을
  넣고 20분간 끓여줍니다.

POINT

완료기 이유식 시기에 반드시 국을 만들어 줘야 할 필요는 없어요. 밥, 국, 반찬을 다 갖추지
않아도 괜찮으니 필수 영양소가 골고루 들어갔는지 더 신경써주세요. 다양한 조리법과 형태의
음식을 만들어 주세요.

입맛을 살리는 달큰한 맛

알배추김국

마른 김은 조미가 되지 않은 생김을 살짝 구운 것을 말해요. 배추는 노랗고 부드러운
알배추 속살을 준비해주세요.

재료

배추 40g
마른김 1장
다시마 5×5cm 1장
새우젓 1/3t
생수 400ml

1 다시마는 깨끗하게 닦아 생수
에 30분 정도 담가둡니다.

2 배추는 1cm 크기로 썰어줍니
다.

3 마른김은 잘게 부숴줍니다.

4 1의 다시마물에 2의 배추를 넣
고 20분 약불로 끓여줍니다.

5 김가루와 새우젓을 넣고 한소
끔 더 끓여줍니다.

POINT

밥을 잘 먹지 않는다고 해서 국에 밥을 말아주는 것은 아기의 소화에도, 식습관 형성에도 좋지
않다고 해요. 국을 끓이지 않아도 괜찮으니 밥과 반찬을 각각 먹을 수 있도록 하고 국에 말아
서 먹기보다는 따로 떠먹을 수 있게 가르쳐주세요.

소고기뭇국

아기 국

소고기뭇국은 약불에서 충분히 끓여줘야 고기가 부드럽고 국물도 잘 우러나요.

재료

소고기 30g
무 20g
대파 8g
국간장 1/2t
소고기육수 600ml

1 소고기는 5mm 크기로 잘게 썰어
  찬물에 헹궈 준비합니다.

2 무는 8mm 크기로 얇게 나박나박
  썰어 준비합니다.

3 소고기육수가 끓으면 1, 2를 넣고
  뚜껑을 덮어 약불에서 30분 정도
  끓이다 잘게 썬 대파와 국간장을
  넣고 15분 더 끓여줍니다.

※소고기육수는 49쪽을 보세요.

POINT

소고기뭇국은 육수에 소고기를 조금 넣고 끓이는 것보다 큼직한 소고기를 덩어리째 넣어 넉넉
한 양을 끓여야 맛있어요. 양지를 넉넉히 사서 간을 하지 않고 무와 함께 한 시간 이상 끓여
육수를 내어주세요. 작은 냄비에 아기가 먹을 만큼 덜어 아기 국으로 사용하고 나머지엔 국간
장, 소금, 후추, 대파 등으로 간을 맞춰 엄마 아빠가 먹으면 좋아요. 아기 국은 차갑게 식혀서
기름을 한 번 걷어주세요.

보리새우애호박탕

따로 육수를 내지 않아도 감칠맛이 좋은 아기 국이에요. 보리새우는 칼슘이 풍부하고
진한 단맛이 일품이에요.

재료

애호박 20g

양파 30g

건보리새우 5g

소금 1자밤

생수 400ml

※ 자밤은 꼬집의 바른
표기입니다.

1 애호박과 양파는 1cm 크기로 깍
둑 썰어 준비합니다.

2 생수에 1과 건보리새우, 소금을
넣고 20분 끓여줍니다.

POINT

만들어 놓은 육수가 다 떨어졌을 때 빠르게 끓여내기 좋은 메뉴예요.

제철일 때 먹는 영양가득 아기 국

무굴국

아기 국

바다의 우유라고 불리는 굴에는 아연, 철분, 타우린, 칼슘 등 영양이 풍부해요. 소화
에 좋은 무와 미네랄이 풍부한 굴을 넣어 국을 끓이면 다른 재료가 없어도 훌륭한 맛
을 낼 수 있어요.

재료

굴 50g
무 30g
다진 마늘 1/4t
국간장 1/2t
채소육수 400ml

1 굴을 깨끗하게 씻어 준비합니다.

2 무는 가늘게 채 썰어 준비합니다.

3 채소육수에 무와 마늘을 넣고 뚜
   껑을 덮은 뒤 약불에서 30분 정도
   끓이다 굴과 국간장을 넣고 3분 더
   끓여줍니다.

※채소육수는 50쪽을 보세요.

POINT

굴은 겨울이 제철이에요. 제철일 때 싱싱한 굴을 구입해서 사용합니다. 아기에게 굴을 먹일 때
는 반드시 가열해서 완전히 익혀주어야 해요.

진한 닭육수의 그맛, 국물이 끝내줘요.

닭미역국

부드러운 닭다리살을 이용해서 만든 아기 국이에요. 완료기 이유식 시기에 딸이 참
잘 먹은 메뉴예요.

재료

닭다리(북채) 1개
불린 미역 20g
다진마늘 1/4t
국간장 1/2t
닭고기육수 500ml

1 닭다리는 껍질을 벗기고 끓는 물
   에 데쳐 살만 분리해 준비합니다.

2 닭다리살과 불린 미역은 잘게 썰
   어 준비합니다.

3 닭고기육수에 닭고기, 미역, 다진
   마늘을 넣고 약불에서 30분 정도
   끓이다 국간장을 넣고 5분 더 끓여
   줍니다.

※닭고기육수는 49쪽을 보세요.

POINT

지금도 저희 집은 닭백숙 같은 요리를 하고 닭육수가 남으면 미역국을 끓여먹어요. 소고기미역
국만큼이나 진하고 맛있답니다. 미역을 준비할 땐 미역을 물에 불린다는 느낌보다 흐르는 물에
최대한 박박 비벼서 씻어 준비해야 깔끔한 맛이 나요.

호로록 부드럽게 넘어가는

연두부달걀탕

아기 국

육류와 해산물이 만나면 감칠맛이 배가 되지요. 닭육수에 새우젓을 조금 넣고 맛을
내면 국물의 감칠맛이 더욱 좋은 아기 국이에요.

재료

연두부 80g
달걀 1개
양파 20g
새우젓 1/2t
닭고기육수 400ml

1 양파는 얇게 채 썰어 준비합니다.

2 달걀은 알끈을 제거하고 풀어 준비합니다.

3 닭고기육수에 양파를 넣어 약불에서 15분 끓여줍니다.

※닭고기육수는 49쪽을 보세요.

4 3에 연두부, 계란, 새우젓을 넣고 5분 더 끓여줍니다.

POINT

연두부달걀탕은 닭고기육수에 연두부와 달걀이 같이 들어가서 목넘김이 부드럽고 소화가 잘 돼요. 아이가 아플 때 먹이기에도 좋은 메뉴예요. 새우젓 대신 맛간장이나 쯔유간장을 넣어도 괜찮아요. 새우젓을 넣으면 개운한 맛의 한식 메뉴, 쯔유간장을 넣으면 달큰한 느낌의 일식 메뉴 느낌이에요.

영양만점 간식 주세요!

완료기 간식은 다양하게 준비
해주어요. 손으로 먹을 수 있
도록 핑거푸드도 해주고, 포
크나 스푼을 이용해 찍어 먹
거나 떠먹을 수 있도록 다양
한 간식을 만들어 주세요.

하나씩 집어먹기 좋은

고구마허브오븐구이

설탕이나 소금 대신 허브를 이용해 맛을 더해주었어요. 드라이허브는 바질이나 파슬리, 오레가노 등 한 가지 종류를 사용해도 좋지만 다양한 허브가 블렌딩 된 제품도 있어요. 이런 제품을 사용하면 훨씬 맛을 내기 쉽답니다.

재료

고구마 150g
드라이허브가루 1g
올리브오일 1T

1 껍질을 벗긴 고구마는 1.5cm 두
 께로 길게 막대기 모양으로 잘라
 줍니다.

2 볼에 고구마를 넣고 허브가루와
 올리브오일을 넣고 버무립니다.

3 180도 예열된 오븐에서 20분간
 구워줍니다.

POINT

집집마다 오븐 화력이 다르니 확인하며 구워주세요. 굽는 중간에 한 번 뒤집어 골고루 익혀주
세요. 에어프라이어가 있다면 이용해도 좋아요.

요거트과일샐러드

샐러드 드레싱 대신 홈메이드 요거트를 사용해서 과일 샐러드를 만들었어요. 홈메이드 요거트는 우유 1리터에 유산균 150㎖를 넣어 저어준 뒤 전기밥솥에 넣고 보온으로 4시간 정도 두면 완성이에요. 식힌 뒤 냉장고에 넣으면 더욱 탱글탱글 해지지요.

재료

플레인요거트 30g
바나나 20g
귤 20g
딸기 20g
키위 20g

1 우유를 발효시켜 만든 플레인 요
거트를 준비합니다.

2 과일들은 1cm 크기로 깍둑 썰어
준비합니다.

3 볼에 1, 2를 넣고 잘 섞어줍니다.

POINT

집에서 플레인 요거트를 만드는 방법이 어렵지는 않아요. 하지만 시간이 부족하다면 첨가물이
없는 시판 플레인 요거트를 구입해서 만들어 주어도 좋아요.

밀가루 없이 전자레인지에 뚝딱

글루텐프리단호박빵

전자레인지를 이용해서 쉽게 만드는 단호박 간식이에요. 밀가루가 들어가지 않아 안심하고 먹을 수 있어요.

재료

단호박 150g
달걀 1개

1 단호박은 껍질과 씨를 제거해서
찜기에 쪄서 으깨줍니다.

2 으깬 단호박에 달걀 노른자를 넣
고 잘 섞어줍니다.

※달걀은 흰자와 노른자로 분리해요.

3 따로 분리한 달걀흰자는 거품이
흐르지 않을 때까지 거품기로 저
어줍니다.

4 2와 3을 살 섞어 전자렌지로 4분
정도 익혀줍니다.

POINT

용기 모양에 따라서 전자레인지로 익히는 시간을 조절해줍니다.

팬케이크나 식빵과도 잘 어울리는

시나몬사과구이

살짝 구운 식빵과 함께 먹으면 더 맛있는 간식 시나몬사과구이예요. 사과와 시나몬의
향이 어울려 풍미가 좋은 간식이에요.

사과 1/4개
시나몬파우더 1자밤
무염버터 1/2t

※ 자밤은 꼬집의 바른
표기입니다.

1 사과는 껍질과 씨를 제거하고
5mm 두께로 슬라이스합니다.

2 팬에 버터를 녹이고 사과를 약불
로 2분 구워줍니다.

3 사과를 뒤집어 시나몬파우더를
뿌리고 2분 더 구워줍니다.

POINT

빵 위에 올려주어도 좋은 간식이에요.

색다른 채소 피자

주키니피자

작은 미니 피자처럼 주키니호박 위에 치즈를 올려서 구웠어요. 다진 고기, 브로콜리
등 아기가 좋아하는 재료를 더 올려도 좋아요. 다양하게 응용해보세요.

재료

주키니호박 1/5개
아기 치즈 1장
오레가노 1자밤
방울토마토 2개

※ 자밤은 꼬집의 바른
　표기입니다.

1 주키니는 깨끗하게 씻어 3~5mm
　두께로 슬라이스 합니다.

2 1에 토마토, 오레가노, 아기 치즈
　를 올려 175도 오븐에 20분 구워줍
　니다.

POINT

오븐마다 화력이 다르니 굽는 시간을 잘 조절해주세요. 주키니호박이 서걱거리지 않고 부드럽
게 익어야 완성이에요.

엄마 아빠에게는 추억 그대로

고구마전

아주 어렸을 적부터 명절 때 시골에 내려가면 할머니가 고구마전을 부쳐주시곤 했어요. 달콤한 고구마와 고소한 달걀의 조화가 담백하면서도 맛있는 간식이에요.

재료

고구마 120g
달걀 1개
밀가루 2T
포도씨유 1T

1 고구마는 찜기에 쩌서 껍질을 벗기고 5mm 두께로 슬라이스하고, 달걀은 곱게 풀어줍니다.

2 고구마에 밀가루, 달걀물 순으로 옷을 입혀줍니다.

3 달군 프라이팬에 오일을 두르고 고구마를 앞뒤로 노릇하게 익혀줍니다.

POINT

뜨거운 고구마는 슬라이스로 썰기 어려워요. 식혀서 자르면 훨씬 편하답니다.

미지근하게 식혀 먹는

브로콜리크림수프

엽산, 마그네슘, 칼슘 등 영양소가 풍부한 브로콜리. 하지만 아기가 브로콜리를 잘
먹지 않는다면 고소한 크림수프로 만들어 주세요.

재료

브로콜리 40g
양파 30g
우유 200ml
버터 1/2T
아기치즈 1장
물 100ml

1 냄비에 버터를 녹여 잘게 썬 양파
  를 볶아줍니다.

2 1에 브로콜리를 넣고 살짝 볶아
  줍니다.

3 물과 우유를 넣고 약불로 저어가
  며 끓여줍니다.

4 믹서기로 곱게 갈아서 아기치즈
  를 넣고 한소끔 더 끓여줍니다.

POINT

같은 방법으로 브로콜리 대신 아기가 잘 먹지 않는 다른 채소를 사용해도 좋아요.

채소가 가득한 이탈리아식 오믈렛
채소프리타타

다양한 채소를 먹일 수 있는 채소프리타타는 집에서 먹을 수 있는 아기 간식으로도 좋고 도시락으로 싸서 외출하기도 좋은 메뉴예요.

재료

달걀 1개
우유 50ml
양파 20g
방울토마토 3개
시금치 10g
버터 1/3T
소금 1자밤
후추 아주 조금

※ 자밤은 꼬집의 바른
표기입니다.

1 양파, 토마토, 시금치는 작게 썰어 준비합니다.

2 버터를 녹인 팬에 양파, 시금치, 토마토 순으로 볶아줍니다.

3 달걀에 우유, 소금, 후추를 넣고 잘 풀어줍니다.

4 3에 2를 넣고 잘 섞어줍니다.

5 오븐용기에 4을 넣고 뚜껑을 덮어 180도 오븐에서 25~30분 구워줍니다.

POINT

우유를 넣을 때 생크림을 조금 더해주면 맛이 더 풍부해져요.

한눈에 보는 상황별 이유식

철분 보충을 위한 이유식
소고기가 들어간 모든 이유식
소고기미음 68 | 양파단호박소고기죽 98 | 당근노른자표고닭고기죽 132
연두부콩나물당근노른자진밥 196 | 부추무홍합진밥 224 | 아기자완무시 268
아스파라거스스크램블드에그 270 | 두부깨무침 276
병아리콩아보카도후무스 282 | 두부구이 284 | 무굴국 302

단백질 보충을 위한 이유식
소고기, 닭고기, 달걀, 생선, 새우, 치즈 등 모든 이유식에서 단백질을 공급해요.

설사(묽은 변)에 좋은 이유식
찹쌀, 차조, 소고기, 감자, 익힌사과, 익힌당근, 바나나, 연근, 감
찹쌀미음 60 | 감자미음 64 | 사과미음 82 | 감자애호박미음 84
사과퓌레 90 | 완두콩퓌레 93 | 완두콩콜리플라워소고기죽 118 | 팽이버섯차조닭고기죽 128
사과양파애호박닭고기죽 130 | 두부청경채연근닭고기죽 138 | 바나나양송이양파닭고기죽 140
아보카도바나나샐러드 144 | 연근고구마닭고기진밥 180 | 뿌리채소밥 234 | 사과시나몬구이 316

변비에 좋은 이유식
변이 딱딱한 아기에게 익힌 사과를 먹이지 않아요.
양배추미음 66 | 배퓌레 91 | 양배추무양파소고기죽 116 | 비트양파닭고기죽 124
시금치바나나스무디 146 | 고구마건자두샐러드 147 | 브로콜리들깨소고기진밥 156
콩나물팽이버섯닭고기진밥 176 | 우엉양파배추닭고기진밥 190 | 사과양배추닭고기진밥 194
포도요거트스무디 208 | 고구마사과요거트샐러드 212 | 블루베리건자두스무디 213

327